KB159393

천문학자들이
코딩하느라 바쁘다고?

천문학

이정환 글 | 김소희 그림

천문학자들이 코딩하느라 바쁘다고?

나무를 심는 사람들

프롤로그

천문학은 일상과 전혀 관련이 없어 보이지만 실은 그렇지 않아요. 인류는 오래전부터 우주와 함께하며 살아왔어요. 우주를 상상하고 궁금해하며 의문을 풀기 위해 한 걸음씩 나아갈 줄 아는 유일한 생명체가 되었지요. 그 결과 계절 변화는 왜 나타나는지, 달의 모양과 밀물·썰물은 어떤 관련이 있는지, 별을 보고 방향을 어떻게 찾는지, 밤하늘을 가로지르는 은하수의 정체는 무엇인지 등도 이해할 수 있게 되었습니다.

이러한 발전과 함께 우리는 빛의 성질과 중력 법칙을 깨닫게 되었고, 이는 인공위성이나 전파 통신, 사진 촬영 기술로도 이어져서 오늘날 우리의 일상과 깊은 연관을 맺고 있지요. 만약 우리의 시선이 우주를 향하지 않았더라면, 어떤 질문도 던지지 않고 여전히 지구를 온 우주의 중심으로 인식했다면, 이 모든 일들은 불가능했을 거예요.

16세기 천동설과 지동설이 대립하던 때부터 망원경의 발명과 행성의 운동 법칙 발견, 그리고 그동안 몰랐던 행성들의 잇따른 발견을 통해 우리는 태양계에서 우리의 위치를 알게 되었어요.

망원경이 점점 커지면서 우리의 우주는 태양계를 넘어 우리은하와 외부은하까지 이르렀습니다. 그러면서 우주가 어떻게 시작되었고 얼마나 팽창하고 있는지를 빅뱅 우주론을 통해 설명할 수 있게 되었지요. 이제 우리는 우리를 소개하는 레코드판을 우주로 보내기도 하고, 우주 망원경으로 수백억 광년 너머의 휘황찬란한 은하 사진을 찍기도 하며, 태양계를 떠돌아다니는 소행성의 토양 샘플을 가져오기도 합니다. '창백한 푸른 점'에 불과한 지구에 발을 붙이고 사는 우리지만, 호기심을 무기로 거대한 우주를 생각에 담을 수 있게 된 거예요.

지금도 수많은 새로운 망원경과 탐사선이 우주 곳곳을 새롭게 밝혀 줄 준비를 하고 있어요. 2023년 한 해에만 해도 목성의 위성을 직접 찾아갈 주스(JUICE) 탐사선이 발사되었고, 넓은 시야로 우주를 한가득 눈에 담을 유클리드 우주 망원경이 성공적으로 시험 관측을 시작했어요. 평소에는 우주에 관한 관심이 적더라도 새로운 관측이나 탐사 소식이 보도되면 많은 사람이 호기심 어린 눈으로 지켜보곤 하지요. 궁금하니까요! 그럴 때만 우주에 관심이 생긴다고 해도 좋습니다. 천문학자들은 바로 그 순간을 위해 오늘도 묵묵히 나아가는 거니까요.

여러분이 우주를 더 생생하게 떠올릴 수 있도록 도와주고자 이 책을 쓰게 되었어요. 1장에서는 천문학 전반에 대한 설명과 천문학의 가치에 대해 다루며 시작하고자 해요. 2장에서는 천문학의 기초가 되는 관측에 대해 자세히 알 수 있습니다. 3, 4장을 통해서는 익숙하게 들어봤을 법한 천문 현상들을 이해하고, 우리가 속한 태양계의 큰 그림을 그릴 수 있을 겁니다. 5장에서는 태양계를 넘어 별, 은하, 블랙홀 등 다양한 천체들을 만나 볼 거예요. 6장에서는 현재 우리가 이해하고 있는 우주의 시작과 끝, 빅뱅 우주론에 대해 알 수 있어요. 마지막으로 7장에서는 우주를 눈에 담는 천문학자들의 이야기가 펼쳐진답니다.

이 책에 실린 40개의 질문과 답을 따라가며 우주를 한 바퀴 여행한 느낌이 들길 바라요. 조금 어려운 부분도 있겠지만 일단은 덮어 두더라도 괜찮습니다. 우주를 향한 관측과 탐사는 끊이지 않을 테니 분명히 또 어떤 새로운 소식이 들려올 거예요. 그럴 때 다시 펼쳐 보는 책이 된다면 더할 나위 없겠습니다.

원고를 쓰면서 역시 우주 이야기는 한 편의 대서사시 같다는 생각이 들었어요. 호기심의 계단을 한 걸음씩 올라가며 우주를 보는 눈을 활짝 열어 준 과거의 모든 천문학자에게 존경을 표하고, 또 현재의 모든 천문학자에게 응원을 보냅니다. 그리고 이런 이야기를 펼칠 수 있게 집필 기회를 주신 〈나무를 심는 사람들〉에 감사드립니다.

이정환

차례

2장

천문대와 천문 관측

3장

천문 현상의 비밀

4장
태양계와 우주 탐사

5장
별빛이 전해 주는 이야기

1장

우리의 눈에 담긴 우주

1

천문학이 우주를 담는 생각의 그릇이라고?

학교에서 천문학은 지구 과학에 속한 한 부분으로만 배우지요. 하지만 천문학은 그 자체로 유구한 역사를 지니고 있고 그만큼 방대한 지식 체계를 갖추고 있어요. 우리를 둘러싼 우주에 대해 끝없이 묻고 답하는 학문이니까요.

우리나라를 대표하는 천문학 연구 기관인 한국천문연구원 앞에는 이런 말이 새겨진 돌이 서 있어요. "우리는 우주에 대한 근원적 의문에 과학으로 답한다." 참 멋진 말이지요? 천문학자들이 하는 일을 이보다 더 정확하게 표현한 말은 없을 것 같아요.

우리는 대부분 일상에 치여서 살아가지만, 누구나 마음속에 스스로의 존재에 대한 의문을 품고 삽니다. 우리는 처음에 어떻게 존재하게 되었는지, 얼마나 긴 시간을 거쳐 지금 '나'의 존재로 이어진 것인지, 시간이 지나 존재가 소멸하면 무엇이 남게 될지 등과 같은 근본적인 물음이지요. 이 질문에 답하는 방법은 사람마다 다양하기에 꼭 정답이 있는 것은 아닙니다. 어떤 사람은 절대적인 존재를 믿으며 종교에 뜻을 두기도 하고, 자신만의 독창적인 예술작품으로 표현해 내기도 하지요.

과학은 그 질문에 가장 논리적으로 답하는 방법입니다. 자연을 있는 그대로 관찰하고 일관된 이론과 법칙을 찾아내 현상을 설명하는 것이지요. 천문학에서는 그 '자연'의 무대가 우주로 넓어질 뿐입니다. 우주에 떠 있는 천체들을 관측하고 거기서 규칙을 찾아내 결국에는 우주의 탄생과 소멸까지도 다루는 과학이죠. 한국천문연구원 앞을 지키는 그 한 문장 안에는 바로 이러한 의미가 담겨 있습니다.

》생존 수단의 일부였던《 과거의 천문학

천문학은 인류 문명과 함께 시작되어 가장 먼저 꽃을 피운 학문 중 하나입니다. 하지만 고대의 천문학은 지금과는 성격이 많이 달랐어요. 옛날 사람들이 천문을 관측하며 가장 크게 신경 썼던 부분은 바로 역법, 그러니까 달력이었습니다. 오늘날에는 너무나도 익숙하고 당연한 달력이지만 사실은 우리의 선조들이 꽤 오랜 시간 시행착오를 겪어 가며 체계를 만들어 왔어요. 주기적으로 나타

나는 천문 현상은 달력의 시간 개념을 세우기 위한 기준으로 안성맞춤이었죠.

과거에 달력은 곧 생존과 직접 연결되는 문제였어요. 달력 주기는 인간 활동의 조건과 아주 밀접한 관련이 있었으니까요. 물론 지금도 마찬가지지요. 일 년에 계절이 어떻게 변화하는지, 바닷가에서 밀물과 썰물은 언제 나타나는지, 어떤 시기에 홍수를 대비해야 하고 어떤 시기에 가뭄을 염두에 두고 물을 비축해야 하는지, 언제쯤 꽃과 열매가 피고 시드는지 등은 달력이 있어야 어느 정도 예측하고 움직일 수 있었습니다. 이러한 변화는 모두 지구를 비롯한 천체들의 운동으로 인해 나타나는 현상이었지요. 수렵이나 채집, 농사 등이 생활의 핵심이었던 과거에는 이러한 달력 체계를 만드는 천문학이 곧 생존을 위한 전략이었던 거죠. 게다가 그때는 별똥별이나 일식, 행성의 운동 등을 국가 흥망성쇠의 징조로 받아들이는 미신도 있었으니 천문 관측이 더욱 중요했습니다.

》 과학으로 발전한 《 천문학

16~17세기에 접어들면서 과학에 대한 개념이 싹트던 유럽을 중심으로 천문학은 역법이나 점성술을 벗어나 본격적인 자연 과학으로 발돋움하기 시작했어요. 당시에만 하더라도 지구가 우주의 중심이고 하늘에 있는 천체들은 모두 지구를 중심으로 운동한다는 '지구 중심설'이 주류였어요. 지구를 중심으로 한 커다란 하늘

의 수정구 표면 위에 천체들이 붙어서 움직인다고 생각했지요. 관측자인 우리가 지구에 발을 붙이고 있으니 그때는 그렇게 생각하는 게 자연스러웠을 겁니다.

하지만 16세기 중반 폴란드의 천문학자 코페르니쿠스가 '태양 중심설'을 주장하면서부터 서서히 우주관에도 변화가 일어나기 시작했습니다. 지구를 비롯한 행성들이 태양을 중심으로 공전하고 있다는 가설이었지요. 태양 중심설은 처음에는 널리 받아들여지지 못했지만, 이후 17세기 초에 망원경이 발명되면서 태양 중심설이 아니고서는 설명이 불가능한 천문 현상들이 관측되었습니다. 대표적인 두 가지 현상이 금성의 모양 변화와 목성의 위성들이었어요.

금성도 망원경으로 자세히 보면 달처럼 주기적으로 모양을 바꿉니다. 초승달 모양, 반달 모양, 보름달 모양 금성처럼 말이죠. 그런데 당시의 지구 중심설만으로는 금성이 보름달에 가까운 모양을 보이는 현상을 설명할 수 없었어요. 금성이 보름달 모양을 보이려면 지구-태양-금성 순서로 나열돼야 합니다. 그런데 지구 중심설에 따르면 금성은 항상 태양 궤도보다 더 가까이 있는 데다 태양으로부터 일정 각도 이상 떨어지지 않기 때문에, 그런 순서로 배열될 수가 없어요. 그렇다고 금성이 태양 궤도보다 먼 곳에서 지구를 돈다고 하면 이번에는 초승달이나 그믐달 모양의 금성을 설명할 수 없습니다. 결국 지구 중심설 자체가 문제였던 거죠.

목성의 위성들을 발견한 것도 마찬가지였어요. 지구 중심설에 따르면 모든 천체들은 지구를 중심으로 돌아야 하는데, 버젓이 목성을 중심으로 도는 4개의 위성들이 발견되었던 거예요. 지구가 우주의 중심이라는 관념에 균열을 낼 수밖에 없었던 천체들이었지요. 결국 계속된 천문 관측으로 인해 지구 중심설은 점점 설자리를 잃고 태양 중심설이 널리 받아들여졌습니다.

이후 관측 기술이 발전하면서 망원경도 점점 더 크기를 키워 빛을 더 많이 모을 수 있게 되었습니다. 그 결과 1781년 허셜 남매의 천왕성 발견, 1846년 르베리에의 해왕성 발견, 1930년 클라이드 톰보의 명왕성 발견 등으로 우리가 아는 태양계의 범위는 점점 넓어져 갔습니다. 20세기에 들어서는 태양계 밖에 있는 별까지의 거리를 측정하는 여러 방법이 고안되었고, 실제로 수많은 별과 성단에 적용되면서 수천억 개의 별이 모인 우리은하의 존재를 알게 되었어요. 급기야 1920년대에는 우리은하 밖에 외부은하가 존재한다는 사실까지 알아내기에 이릅니다.

이렇게 천문학을 통해 우리의 우주관이 넓어지는 과정에서 각 천체에 대한 이해도 높아졌습니다. 수많은 천체를 관측하면서 별과 은하의 탄생과 진화, 그리고 죽음에 이르기까지 다양한 이론들을 세우고 검증할 수 있었지요. 천문학의 발전으로 사람들은 점점 더 커다란 우주를 품게 되었어요. 우주는 우리가 생각했던 것보다 훨씬 더 넓었고, 다양한 천체들을 품고 있는 곳이었으니까요. 천문학은 아마도 인간이 머릿속에 담을 수 있는 가장 큰 규모의 생각이 아닐까요?

2

누구나 천문학 연구에 참여할 수 있다고?

정말 아득히 멀어 보이기만 하는 우주이지만 생각보다 가깝게 느낄 수 있게 해 주는 곳이 많답니다. 천문학은 그저 학자들만을 위한 것이 아니니까요. 천문학은 어떤 방법으로 사람들에게 다가가고 있을까요?

우리나라에서 가장 큰 광학 망원경은 보현산 천문대에 있는 구경 1.8미터의 '도약' 망원경이에요. 1996년에 경북 영천 보현산 기슭에 세워졌지요. 도약 망원경은 천상열차분야지도, 혼천의와 함께 우리나라의 만 원 권 지폐 뒷면을 장식하고 있기도 합니다. 어릴 적에 보현산 천문대에서 공개 관측 행사를 하면 사람들이 전국에서 구름 떼처럼 몰려왔던 기억이 나요. 도약 망원경의 접안렌즈로 천체를 직접 보려고 몇 시간씩 줄을 서서 기다리기도 했죠. 늘 우주와 천문에 대한 호기심이 가득 차 있던 사람들이 천문대 공개 행사와 같은 기회가 생기니 너나없이 모였던 거예요.

》 백문이 불여일견, 《
천문대와 천문 과학관

사실 보현산 천문대는 전문 연구자들을 위한 시설이기 때문에 공개 행사가 있는 날이 아니면 일반인이 관측 시설 내부로 들어갈 수는 없어요. 충북 단양에 있는 소백산 천문대도 비슷한 연구용 시설이지요. 과거에는 천문학을 직접 접하고 싶으면 이런 연구용 천문대에서 공개적으로 행사를 열어 주기를 기다려야 했습니다. 막상 공개하는 날이 다가와도 먼 시골 천문대까지 찾아가는 일이 보통이 아니기도 했고요.

하지만 요즘은 도심에도 여러 시민 천문대나 과학관이 많이 생겼습니다. 그래서 관심만 있다면 방문하기 어렵지 않은 곳에 위치하고 있지요. 대표적으로 서울의 과학동아 천문대나 경기도의 과천 과학관, 대전의 시민 천문대 등이 있어요. 이외에도 웬만한 광역 지자체에서 세운 과학관이나 천문 관련 학과가 있는 대학교에는 소규모 천문대가 있어 천문학 대중 강연이나 공개 행사를 자주 진행한답니다.

천문대 공개 행사에서 가장 중요한 건 역시 망원경이겠죠? 각 천문대에서 가지고 있는 망원경을 소개하고, 관측하기 쉬운 천체를 초점을 맞추어 접안렌즈로 직접 보는 시간도 가집니다. 주로 달이나 금성, 목성을 보고, 계절에 따라서 날씨가 좋으면 베가(직녀성)나 시리우스같이 밝은 별을 관측해 보기도 합니다. 남들이 찍은 사진으로만 보던 천체를 직접 눈에 담으며 신기해하는 사람들이 많지요.

날씨가 좋지 않으면 천체 투영관만 이용하기도 합니다. 천체 투영관은 돔 모양으로 생긴 커다란 스크린에다 빛을 쏘아서 실제 천체들의 모습을 투영해서 보여 주는 시설이에요. 시뮬레이션 된 밤하늘을 보는 곳이라고 생각하면 되지요. 천체 투영관에서 재현된 멋진 천체들의 모습을 보며 설명을 듣다 보면 흐린 날씨 때문에 아쉬웠던 마음이 녹아내리기도 합니다. 이렇게라도 밤하늘을 접하다 보면 어느새 우주와 가까워진 느낌을 받을 수 있어요. 천문대와 천문 과학관에서 직접 만난 우주에 흥미를 느껴서 아예 천체 사진을 직접 촬영하러 다니는 취미에 빠지는 사람들도 꽤 있답니다.

》 누구나 참여하는 《 시민 과학 프로젝트

좀 더 깊이 있게 천문학에 관심을 가지면 직접 연구에 참여하는 방법도 있어요. 바로 '시민 과학 프로젝트'입니다. 인터넷만 연결되면 최신 천문 관측 자료들을 직접 받아 보고 연구에 필요한 간단한 분석을 도와줄 수 있는 프로젝트예요. 물론 많은 시간을 들여서 공부하고 학위까지 받는 전문 연구자들에 비해서는 한계가 있지만, 일반인의 입장에서는 연구의 최전선에 가볍게나마 발을 들여놓을 수 있는 좋은 방법이지요.

시민 과학 프로젝트에서 가장 유명한 플랫폼을 꼽자면 '주니버스(zooniverse)'가 있습니다. 천문학뿐만 아니라 다양한 과학 분야의 시민 과학 프로젝트를 진행하고 있어요. 주니버스 웹 사이트(https://www.zooniverse.org/)에 방문해서 구경해 보면 천문학에서 얼마나 다양하고 재미있는 연구가 진행 중인지 알 수 있지요. '쿨한 이웃, 갈색 왜성 찾기', '꼬리 달린 활발한 소행성 찾기', '우리는 정말 외로운 존재일까? 외계 생명의 흔적 찾기', '해파리처럼 생긴 은하 낚아 보기' 등 여러 재미있는 제목이 붙은 프로젝트들이 진행되고 있답니다. 일본의 스바루 망원경 자료를 통해 충돌하는 은하들을 분류하는 '갤럭시 크루즈(galaxy cruise)' 프로젝트에서도 재미있는 은하 사진들을 많이 볼 수 있지요.

최근에는 천문 관측 장비들이 개수도 늘어나고 성능도 좋아져서, 하루가 멀다 하고 대용량의 자료들이 쏟아져 나와요. 게다가 우주에서 연구해야 할 천체들은 행성과 별부터 은하까지 너무나 다양하고요. 그러니 천문학자들이 모든 관측 자료를 일일이 다 살펴보며 연구를 할 수가 없습니다. 그래서 은하 모양 분류, 밝기가 변하는 별 골라내기, 독특한 천체 찾아보기 등의 작업은 시민 과학 프로젝트로 진행되는 경우가 많습니다. 특별한 전문 지식이 없어도 해낼 수 있는 작업들이니까요. 그리고 이렇게 진행된 시민 과학 프로젝트의 결과물은 연구 논문으로 출판되어 세상에 알려지기도 합니다. 참여형 연구 프로젝트, 여러분도 한 번 도전해 보면 어떨까요?

3

우주에도 끝이 있을까?

우리가 살아가고 있는 거대한 시공간인 우주는 과연 얼마나 넓을까요? 우주에도 끝이 있을까요? 우주는 언제쯤 시작되었을까요? 누구나 한 번쯤 궁금했을 법한 질문이죠. 여기에 현대 천문학은 어떤 답을 내놓고 있을까요?

2012년에 보이저 1호 탐사선이 태양계를 벗어났다는 소식이 들려왔어요. 1977년에 발사되어 목성과 토성 탐사에 큰 공을 세웠던 보이저 1호는 태양-지구 거리보다 120배 먼 곳을 통과하며 태양계의 경계를 벗어났지요. 그 후로도 10년 넘게 태양계 밖 우주를 항해하며 우리에게 신호를 보내오고 있답니다. 인류의 기술로 낼 수 있는 거의 최고 속도로 무려 45년을 넘게 우주를 가로지르고 있는 거예요. 이 정도면 꽤 멀리까지 갔겠구나 싶은 생각이 들지요?

하지만 보이저 1호가 지금까지 항해한 거리는 전체 우주의 크기에 비하면 새 발의 피라고 할 수 있어요. 보이저 1호는 현재 지구에서부터 약 240억 킬로미터 지점을 지나고 있는데, 태양계 밖에서 가장 가까운 별 '프록시마 센타우리'까지의 거리는 무려 40조 킬로미터가 넘으니까요. 우리가 일상에서 쓰는 단위로는 우주의 크기를 나타내기에는 무리인 셈이에요.

》 관측 가능한 《 우주의 크기는?

우주에서 거리의 단위는 주로 빛이 이동하는 거리로 나타냅니다. 우주에서 가장 빠른 속도를 지닌 빛은 1초에 약 30만 킬로미터를 갈 수 있어요. 그 속도로 1년을 가면 약 9조 4600억 킬로미터를 진행합니다. 이 거리를 '1광년'이라고 부르지요. 가끔 광년 단위를 거리가 아니라 시간의 단위로 잘못 이해하는 경우가 많죠. 이는 우주에서 어떤 천체를 관측하는 매개가 바로 빛이기 때문에 오해하기 쉬운 부분이에요. 예를 들어 지구에서 10광년 떨어진 어떤 별을 관측한다면, 지금 보고 있는 별빛은 10년 전에 출발했던 빛이어야 합니다. 우리는 그 별의 10년 전 모습을 보고 있는 거예요. 그러니 먼 우주를 관측할수록 그만큼 우주 초기의 모습을 볼 수 있다는 말이 됩니다.

그러면 현재 우리는 우주의 어디까지 볼 수 있을까요? 현대 천문학에서는 우주는 138억 년 전 대폭발 이후 지금까지 팽창하고 있다고 설명합니다. 138억 년 전 우주가 탄생할 때 나온 빛이 우주를 가로지르는 동안에도 우주가 팽창했다는 점을 고려해서 계산해 보면, 우리가 이 최초의 빛을 볼 수 있는 이론적인 크기는 반지름 약 465억 광년 정도가 됩니다. 이를 '관측 가능한 우주'라고 하지요. 다만 우주는 그동안 빛보다 빠른 급팽창을 겪기도 하고 그보다 느린 속도로 팽창하기도 했습니다. 팽창 속도가 어떻게 변해 왔는지는 현재도 아주 정확히 알지는 못해요. 그래서 우주 자체의 크기는 현대 천문학에서도 모른다고 할 수밖에 없습니다. 확실한 것은 우리가 볼 수 있는 범위는 관측 가능한 우주로 한정돼 있다는 것이죠.

》나날이 경신되는《
'가장 먼 은하' 기록

천문학자들은 관측 가능한 우주에서라도 되도록 멀리 있는 천체를 관측하고 분석하려고 시도해 왔습니다. 먼 우주에 있는 천체의 모습은 곧 초기 우주의 모습과 같으니까요. 주로 우주에서 관측하는 망원경들이 큰 활약을 했습니다. 2016년에는 허블 우주 망원경 관측 자료에서 'GN-z11'이라고 불리는 초기 우주의 은하가 발견되었어요. 이 은하는 당시 가장 먼 은하 신기록을 세웠는데, 무려 134억 8천만 년 전의 은하였어요. 우주 탄생 이후 불과 3억 년 남짓 된 원시 은하였지요.

이러한 기록은 2022년 제임스 웹 우주 망원경이 가동을 시작한 이후부터 계속해서 깨지고 있습니다. 이미 'GN-z11' 은하의 기록을 깬 은하들이 대여섯 개 정도 있고요. 얼마 전에는 135억 8천만 년 전의 은하 'JADES-GS-z13-0'이 발견되어 다시 한 번 기록을 경신했지요. 하지만 이 기록도 오래가지는 않을 것 같아요. 제임스 웹 우주 망원경을 비롯한 차세대 우주 망원경들이 우주를 샅샅이 뒤지면서 조만간 또 기록을 깰 만한 원시 은하를 찾아낼 테니까요. 관측 가능한 우주라는 어쩔 수 없는 한계에도 불구하고 천문학은 점점 더 초기 우주의 비밀을 찾아가고 있답니다.

4

천문학에서 빛을 이용하는 방법은?

맨눈으로 보든 망원경으로 보든, 빛이라는 매개가 없으면 우리는 천체를 관측할 수가 없습니다. 빛이 없었다면 천문학이라는 학문도 생겨나지 못했겠죠? 현재의 천문 관측 기기들은 우주에서 오는 빛을 과연 어떻게 이용하고 있을까요?

천문학은 예로부터 관측의 학문이었어요. 처음에는 맨눈으로 밤하늘을 관찰하는 데서 시작했고, 17세기에 망원경이 발명된 뒤에는 관측 기술이 더욱 눈부시게 발전하면서 성능이 좋은 기기를 이용하게 됐지요. 물론 요즘은 천문학에서 관측만 하는 것은 아니고 이론이나 시뮬레이션 등을 병행하기도 하지만, 기본적으로 모두 관측을 통해 검증받아야 하지요. 그리고 예나 지금이나 천문 관측에서 변함이 없는 사실은 바로 '빛'을 이용한다는 점입니다.

빛은 우주 시공간을 이동하는 가장 대표적인 파동입니다. 파동의 쉬운 예로는 소리나 물결 등을 떠올릴 수가 있지요. 이러한 파동은 매질인 공기나 물을 타고 진동하면서 퍼지듯이 진행하며 에너지를 전달하는 역할을 하지요. 천체에서 방출된 빛도 마찬가지로 우주에서 빛의 속도로 퍼지면서 이동합니다. 그래서 빛을 '전자기파'라는 파동의 일종으로 부르기도 하죠. 빛이 파동의 성질을 지닌다는 사실은 천문학에서 빛의 성질을 이해하고 이용하는 데 매우 중요한 점이에요. 빛이라는 파동이 진동하는 주기나 횟수에 따라 우리에게 전해 주는 정보가 다르거든요.

》 보이는 빛과 《
보이지 않는 빛

1665년, 영국 케임브리지 대학교에 재학 중이던 아이작 뉴턴은 두 개의 프리즘을 이용해 재미있는 실험을 하게 되었습니다. 프리즘에 햇빛을 통과시켜 빛을 무지개처럼 알록달록한 색깔로 나눈 다음, 나눈 빛을 다시 다른 프리즘에 통과시켜 하얀 햇빛으로 합치는 실험이었지요. 뉴턴은 이 프리즘 실험 덕분에 햇빛에도 실제로는 다양한 색깔의 빛이 섞여 있다는 사실을 발견했습니다. 당시에는 햇빛이 절대 나누어질 수 없는 순백색의 빛이라고 생각했기 때문에 통념을 뒤엎는 놀라운 발견이기도 했죠.

뉴턴의 프리즘에서 햇빛이 나뉘는 이유는 바로 빛의 파장 차이 때문입니다. 파장이란 파동이 한 번 진동할 때마다 진행하는 거리를 뜻해요. 만약 진동을 빠르게 한다면 한 주기만큼 진행하는 거리는 짧을 테니 파장이 짧은 빛이 되고, 진동을 느리게 하면 파장이 긴 빛이 되겠지요. 우리가 보는 햇빛에는 파장이 짧은 빛과 긴 빛이 섞여 있습니다. 파장이 다른 파동은 프리즘과 같은 광학 도구를 통과할 때 서로 다른 각도로 굴절이 돼요. 그래서 햇빛을 프리즘에 통과시키면 무지갯빛 색깔을 볼 수 있는 거지요. 우리 눈에 보이는 무지갯빛 중 빨간색 빛은 파장이 긴 쪽(약 700나노미터)이고 보라색 빛은 파장이 짧은 쪽(약 400나노미터)입니다. 파장이 짧을수록 진동수가 크기 때문에 그만큼 파동이 전달하는 에너지도 더 높아요.

하지만 뉴턴의 프리즘 실험에서도 놓친 점이 하나 있었습니다. 프리즘을 통과하고 나서 우리 눈에 보이는 무지갯빛만이 다가 아니라는 점이었지요. 1800년 윌리엄 허셜과 캐롤라인 허셜 남매는 프리즘으로 나눈 햇빛의 색깔에 따라 온도가 어떻게 변하는지를 알아보는 실험을 했어요. 그런데 아무 색깔도 보이지 않는 빨간색 빛 바깥에서도 온도가 많이 올라가 있는 걸 발견했지요. 열을 전달하지만 빨간색보다 파장이 길어서 눈에는 보이지 않는 빛, 바로 '적외선'의 발견이었습니다. 그리고 이어서 1801년에는 요한 리터라는 독일 물리학자가 보라색보다 파장이 짧은 빛을 발견했습니다. 빛에 반응하면 검게 변하는 감광지를 각각 다른 색깔 빛에 놓아두고 실험하였는데, 아무 빛도 보이지 않는 보랏빛 밖에서도 감광지가 반응을 한 거예요. 보라색보다 더 파장이 짧은 자외선이 존재한다는 사실을 알아낸 실험이었지요.

이렇게 빛은 다양한 파장대로 나눌 수 있는 파동이고 그중 우리 눈에 보이는 빛이 있는가 하면 보이지 않는 빛도 존재한다는

점을 알게 되었지요. 실제로 우리 눈은 무지갯빛의 빨간색과 보라색까지 약 400~700나노미터에 해당하는 빛만을 볼 수 있어요. 이 영역을 '가시광선'이라고 하지요. 그리고 허셜 남매와 리터의 실험에서 밝혀진 것처럼 가시광선 밖에도 적외선과 자외선 같은 빛이 존재했고요. 이후 빛에 대한 다양한 연구가 진행되면서 우리가 파장에 따라 분류한 빛의 갈래도 늘어났습니다. 엑스선(파장 약 10나노미터 이하), 자외선(10~400나노미터), 가시광선(400~700나노미터), 적외선(700나노미터~1밀리미터), 전파(1밀리미터 이상) 등으로요. 그리고 천문 관측 기기들은 빛의 파장에 따라 다양한 관측을 수행합니다.

》영상과 스펙트럼,《
측광과 분광

천문학에서는 크게 두 종류의 관측 자료를 이용합니다. '영상(imaging)'과 '스펙트럼(spectrum)' 자료예요. 영상 자료는 쉽게 말해서 사진이고, 스펙트럼 자료는 빛을 파장에 따라 잘게 나눈 자료입니다. 영상 자료의 빛을 측정하는 작업을 '측광(測光; photometry)', 스펙트럼 자료처럼 빛을 파장에 따라 나누는 일을 '분광(分光; spectroscopy)'이라고 합니다.

흔히 볼 수 있는 우주의 천체 사진들이 영상 자료의 일종입니다. 일상에서 핸드폰 카메라로 찍는 사진도 일종의 영상 자료예요. 다만 망원경과 같은 전문적인 천체 관측 기기는 천체를 파장

별로 더 자세히 나누어 보기 위해서 몇 개의 '필터'를 사용합니다. 보통 천체 망원경은 가시광선 영역에서만 4~5개 정도의 필터를 사용해서 천체를 촬영하지요. 이렇게 촬영한 영상 자료를 바탕으로 천문학자들은 측광 작업을 수행하는데, 이를 통해서 천체의 밝기, 크기, 모양 등을 연구할 수 있고, 새로운 천체를 발견할 수도 있지요.

한편 스펙트럼 자료는 영상 자료처럼 4~5개의 파장별 필터가 아니라 거의 수천 개 단위로 파장 범위를 쪼개어 보는 분광 자료예요. 뉴턴의 프리즘 같은 기기가 빛을 나누어 주는 분광기의 일종인데, 프리즘의 역할을 해 줄 분광기를 따로 만들어서 망원경에 붙여 관측하면 스펙트럼 자료를 얻을 수가 있지요. 스펙트럼에서는 천체의 성질을 영상 자료보다 더 구체적으로 알아낼 수 있습니다. 별이나 은하에 포함된 물질은 특정 파장에서 빛을 흡수하거나 방출하는 특성이 있는데, 이러한 현상이 스펙트럼 자료에서는 흡수선이나 방출선으로 나타납니다. 예를 들어 우주에서 가장 많은 원소인 수소는 별의 대기에서 파장이 656.3나노미터인 빛을 흡수합니다. 그러면 스펙트럼 자료에서는 해당 파장대에서만 특별히 빛의 양이 줄어든 흡수선 흔적이 나타나지요. 만약 온도가 아주 높아서 수소가 이온화된 곳이라면, 반대로 같은 파장대에서 빛의 양이 늘어나는 방출선이 나타나기도 합니다. 그래서 흡수선이나 방출선의 흔적을 관찰하면 천체의 온도, 구성 성분, 나이 등 더욱 구체적인 정보들을 확인할 수 있지요.

5

천체 사진을 가만히 들여다보면 천체들의 이름이 알파벳과 숫자로 되어 있는 경우가 많습니다. 이러한 천체 이름은 어떻게 만들어진 걸까요? 지금까지 많이 쓰이는 천체 목록은 어떤 것들이 있을까요?

매년 이른 봄이면 하룻밤 사이에 최대한 많은 천체를 찾아내서 찍는 '메시에 마라톤'이 열리곤 해요. 천체 사진가들 사이에서는 큰 행사 중의 하나이기도 하지요. 메시에 마라톤은 110개의 천체가 수록된 '메시에 목록'에 있는 천체들을 밤새 일주하는 행사입니다. 1970년대 후반에 미국의 천문 잡지 〈Sky & Telescope〉의 영향으로 시작되었다고 해요. 그 후 우리나라에서도 천체 사진 동호회를 중심으로 메시에 마라톤 행사가 열리고 있습니다. 아직 추위가 가시지 않은 3월에 밤새 천체 목록을 일주하려면 적당한 장비도 챙기고 관측 전략도 세워야 하겠지요. 아무 때나 볼 수 있는 게 아닌 만큼 천체 사진가들은 메시에 마라톤을 치밀하게 준비하곤 합니다. 그만큼 메시에 목록도 천체를 보는 사람들에게 큰 의미가 있는 목록이겠죠?

》 혜성과 헷갈리지 않으려고 만든 《
메시에 목록

메시에 목록은 18세기 프랑스의 천문학자 샤를 메시에가 만든 '퍼진 천체들'의 목록이에요. 퍼진 천체들이란 별처럼 점으로 보이는 천체가 아니라 성단, 성운, 은하와 같이 퍼져 있는 것처럼 보이는 천체를 말하는 거지요. 원래 메시에는 혜성에 관심이 많았어요. 꼬리를 지닌 혜성도 밤하늘에서 퍼진 천체로 보이는데, 마찬가지로 퍼져 보이는 성단과 성운들이 혜성을 찾는 데 방해가 되었던 거죠. 그래서 혜성을 발견하는 데 헷갈리지 말자고 성단, 성운, 은

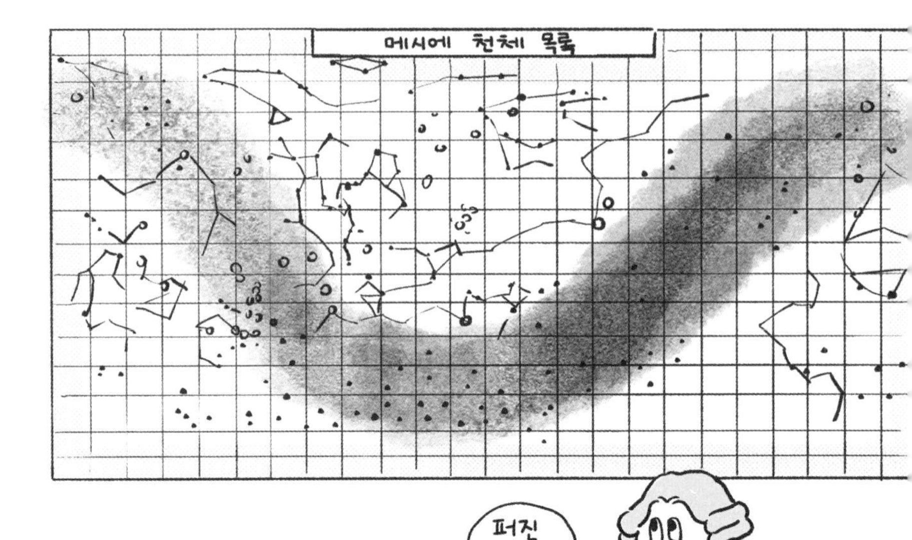

하를 모아서 따로 목록으로 만들어 두었습니다. 밤하늘에서 어떤 퍼진 천체를 찾았을 때 목록에 있는 천체들과 비교해 볼 수 있으니까요. 만약 그 목록에 이미 수록된 천체라면 그건 혜성이 아니고, 목록에 없다면 새로운 혜성 후보로 생각할 수 있는 거예요. 1774년 처음 발표된 메시에 목록에는 메시에 이름의 첫 글자인 'M'자가 붙은 45개의 천체가 있었습니다. 1781년에는 메시에 목록의 천체 개수를 103개까지 늘렸고, 이후 다른 천문학자들이 천체들을 조금 더 추가하여 현재의 110개 목록이 되었지요.

메시에 천체 목록에는 북반구에서 관측한 비교적 밝은 성단, 성운, 은하들이 '메시에 1번(M1)'부터 '메시에 110번(M110)'까지 들어가 있어요. 몇 가지 대표적인 천체들만 예를 들자면, 메시에 1번 천체인 '게 성운'은 6,500광년 거리에 있는 초신성 잔해입니다. 무거운 별이 진화의 마지막 단계에서 폭발한 초신성의 흔적이지요. 게 성운을 만든 초신성 폭발은 1054년에 이미 여러 나라에서 관측된 기록이 있을 정도로 특별한 천체입니다. 메시에 31번 천체는 250만 광년 떨어진 안드로메다은하로 우리에게 잘 알려진 은하지요. 안드로메다은하 덕분에 우리는 외부은하의 존재를 알 수 있게 되었습니다. 그리고 메시에 42번(오리온자리 성운)과 45번(플레이아데스 성단) 천체들은 겨울철 밤하늘에서 반갑게 맞이할 수 있는 천체들이지요. 작년에 제임스 웹 우주 망원경의 고해상도 사진을 통해 유령 은하로 알려진 메시에 74번 나선 은하도 빼놓을 수 없습니다. 흥미롭고 친숙한 천체들을 가득 담고 있는 메시에 목록은 그만큼 천문학에서 중요한 천체들을 소수 정예로 뽑은 목록이라고 해도 될 것 같아요.

》 더욱 다양한 천체들을 《 목록에 담아 보자!

하지만 메시에 목록은 하늘에 보이는 수많은 천체 중에서 극히 일부만 담고 있습니다. 게다가 거의 북반구의 천체들로 한정돼 있다는 점도 한계였지요. 천문학이 유럽과 미국이 위치한 북반구를 위주로 발전해 왔기에 어쩔 수 없는 부분이기도 했습니다. 하지만 점점 관측 기술이 발전하고 다양한 천체들을 관측할 수 있게 되면서, 남반구의 천체들까지 포함한 '일반적인 천체 목록'을 만들어야 할 필요성이 생겼지요.

이러한 천체 목록 작성에 큰 공헌을 한 사람이 덴마크의 천문학자 존 드레이어였습니다. 존 드레이어는 윌리엄 허셜의 아들이었던 존 허셜과 남반구 호주에서 연구하던 제임스 던롭의 천체 관측 결과들을 모아서 1888년 새로운 천체 목록을 만들었어요. 바로 '성운 및 성단에 관한 신판일반목록(New General Catalogue of Nebulae and Clusters of Stars)'입니다. 줄여서 '신판일반목록'이라고도 하지요. 이 목록에는 무려 7,840개의 천체들이 수록되어 있어요. 메시에 목록과 마찬가지로 성운, 성단, 은하들로 이루어져 있지만 메시에 목록보다 더 멀리 있는 천체들까지도 포함하고 있지요.

여기 포함된 천체들은 목록의 알파벳 앞 글자들을 따 'NGC'와 함께 번호를 붙여서 불러요. 그래서 대부분의 사진에 보이는 천체들은 웬만하면 NGC 이름을 가지고 있습니다. 신판일반목록은 북반구와 남반구의 하늘을 모두 포함해서 현재까지도 천문학에서 가장 많이 쓰이는 천체 목록이니까요. 이후에 드레이어는 약 5천 개 정도의 천체들에 대해 신판일반목록을 보완할 수 있는 '색인 목록(Index Catalogue)'을 발표하기도 했습니다. 색인 목록에 있는 천체들은 'IC' 뒤에 번호를 붙여요.

우리은하 밖에 엄청나게 많은 외부은하가 존재한다는 사실을 알게 된 후에는 은하 목록들이 만들어졌어요. 1만 3천 개 은하들을 포함한 '웁살라 일반 목록(Uppsala General Catalogue of

Galaxies)'이나 약 7만 개의 은하가 있는 '주요 은하 목록(Principal Galaxies Catalogue)' 등이 발표됐지요. 각각 'UGC'와 'PGC'에 번호를 붙여 지칭합니다. 여기에 은하들이 모여 있는 집단인 은하단까지 발견되면서, 은하단에 대한 목록도 작성되었어요. 은하단 관측과 탐사에 크게 기여한 미국 천문학자 조지 에이벨의 이름을 딴 '에이벨 목록(Abell Catalogue)'이 대표적이지요. 역시 'Abell' 뒤에 번호를 붙여 은하단의 이름을 만든답니다. 북반구와 남반구에 걸쳐 약 4천 개 정도의 은하단을 포함하고 있어 외부은하를 연구하는 천문학자들이 많이 이용하고 있어요.

물론 이외에도 천체들의 목록은 셀 수 없이 많아요. 시간이 지나면서 필요와 연구 목적에 따라 새로운 목록을 만들기도 하니까요. 하지만 이제 적어도 천체 사진을 볼 때 천체 이름에 보이는 'M', 'NGC', 'UGC', 'Abell' 등의 알파벳과 이어 나오는 숫자들에 겁먹을 필요는 없을 거예요. 대신 천문학자들이 수없이 많은 관측과 피땀 어린 분석으로 이미 정리해 둔 천체 중의 하나라고 생각하면 된답니다.

6

'창백한 푸른 점'이라고?

천문학자 칼 세이건은 우주에서 보내온 지구의 사진을 보고 '창백한 푸른 점'이라는 유명한 말을 남겼습니다. 이 말에 담긴 의미는 뭘까요?

1990년 2월 14일, 막 해왕성 궤도를 지나간 보이저 1호 탐사선은 카메라의 방향을 반대로 틀어서 엉뚱한 사진을 찍었습니다. 지금까지 지나쳐 왔던 태양계의 행성 6개를 다시 촬영했던 거지요. 금성, 목성, 토성, 천왕성, 해왕성 그리고 지구가 사진 촬영의 대상이었습니다. 사실 당시 보이저 1호는 이미 해왕성 궤도까지 통과했기 때문에, 이제는 멀어진 행성들을 굳이 다시 찍어야 할 이유는 없었어요. 더구나 카메라를 태양과 가까운 방향으로 돌리면 기기가 손상될 위험도 있었지요. 하지만 당시 보이저 탐사 계획의 영상 팀에 참여하고 있던 천문학자 칼 세이건의 주장으로 방향을 돌려 사진을 찍게 된 거예요.

희미한 픽셀로 보이는 여섯 개의 행성 중 가장 특별한 건 역시 지구의 사진이었습니다. 사진 속 지구는 카메라에 반사된 태양빛 광선 사이로 조그맣게 얼굴을 내밀고 있었어요. 칼 세이건은 이 사진을 보고 '창백한 푸른 점'이라는 유명한 말을 남겼습니다. 인류가 자리 잡고 살아가며 기뻐하고 슬퍼하던 모든 현장이 우주에서는 그저 하나의 외로운 푸른 점일 뿐이었어요. 그러니 우리의 터전인 지구를 더 잘 보살피고, 같은 행성에 사는 사람들에게 더욱 친절하게 대하며 살아가자는 메시지를 던졌던 거예요.

지구에서 우리는 주변에 힘을 과시하려는 욕망을 품고 살지만, 드넓은 우주에서 우리는 한 점 티끌에 불과한 존재였습니다. 이 사실을 사진으로 남겨서 자각할 수 있을 만큼 우리의 우주관이 넓어졌다는 뜻이기도 하지요. '창백한 푸른 점' 사진은 흔한 천체

사진 한 장이었지만 피사체가 바로 우리 자신인 '셀카'였기에 가장 특별한 사진이 될 수 있었습니다. 천문학이 발전하지 못했다면 아마 '창백한 푸른 점' 사진은 나오지 못했을 거예요. 천문학을 통해 우리는 인류와 지구가 우주의 중심이 아니라는 걸 알게 되었고, 지구 주변의 우주에 손을 뻗어 볼 생각이라도 품게 되었으니까요.

》국경 없는《 천문학

과학에는 국경이 없다는 말이 있죠. 우리가 손을 뻗을 수 있는 지구 주변의 가까운 우주라면 서로 자존심 싸움이라도 하지만, 닿을 수 없이 먼 우주를 바라볼 때라면 국경을 논하는 게 의미가 없습니다. 그래서 기본적으로 천문학에는 국경의 개념이 아주 희미한 편이에요. 물론 군사 분야에 적용될 수 있는 일부 우주 산업 기술은 국가마다 기밀인 경우도 있습니다. 하지만 태양계 영역을 벗어난 우주라면 특정 국가나 집단의 이해관계와는 아예 관련이 없습니다. 수백만 광년 떨어진 은하의 별 생성 활동 연구를 하는데 뭐하러 국경으로 편을 가를까요? 그냥 관심사가 맞고 연구 능력을 갖춘 사람들끼리 같이하면 되는 거예요! 그래서 천문학은 어떤 분야보다도 국제 협력이 활발하고 연구 자료를 공유하는 데 적극적입니다. 경쟁을 하더라도 서로 연구 성과를 가지고 과학적인 토론을 하지, 어떤 이해관계에 따라 움직이는 경우는 거의 없어요.

이는 천문학이 일상의 물질적, 경제적 풍요와 거리가 멀기 때문에 나타나는 아이러니라고도 볼 수 있어요. 당장 돈을 벌어다 주는 학문도 아니고, 제대로 연구하려면 망원경이나 탐사선 등 엄청난 돈이 드는 장비가 필요하니까요. 하지만 모든 사람은 우주에 대한 지적 호기심을 지니고 있고, 누군가는 그런 연구를 하면서 호기심에 대한 답을 알려 주기를 바랍니다. 그렇기에 천문학자들은 지원을 받아서 연구를 진행하게 되고, 이왕이면 국경을 넘어 다른 사람들과 같이 서로 도와가면서 하는 거예요. 그래서 천문학자들은 해외로 연구하러 나가는 경우도 많고 반대로 우리나라에도 많은 외국 천문학자들이 활동 중이랍니다.

관측 장비를 갖추고 운영하는 데도 국제적으로 협력이 아주 활발한 편이에요. 우리나라도 하와이와 칠레에 있는 제미니 망원경을 외국과 함께 운영하면서 관측 자료들을 확보하고 있고요. 미래에는 거대 마젤란 망원경이나 스피어엑스 우주 망원경 등에서 다른 나라들과 협력하면서 우리의 연구 성과도 늘려 갈 거예요.

국가 경제나 안보적인 측면에서 국경의 의미는 중요하지만, 때로는 국경을 넘어 인류를 하나로 묶어 줄 수 있는 수단이 필요합니다. 너무 각자의 이익만 생각하다 보면 불필요한 싸움이 끊이지 않을 테니까요. 문화는 사람들의 마음을 하나로 묶는 역할을 해 줍니다. 이를테면 스포츠나 예술같이 말이죠. 그런데 과학을 통해 묶는 데는 우주만 한 것이 없을 거예요. 이왕이면 더 다양한 분야의 문화를 갖추고 있다면 좋지 않을까요? 그래서 천문학은 사람들을 과학을 통해 하나로 묶어 주기에 가장 좋은 분야예요. 우리가 서 있는 이 '창백한 푸른 점'에서 천문학이 그런 과학 문화의 일부로 더 깊게 뿌리 내릴 수 있다면 좋겠습니다.

칼 세이건(1934.11.9-1996.12.20)

칼 세이건은 뉴욕에서 태어났다.
그는 어릴 때부터
별에 관심을 가졌고,
도서관 카드가
생기자마자
도서관에 달려갔다.
어머!
별에 대한 책을 주세요.
도서관

고등학생이 된 그는 월반할 정도로
성적이 좋았지만 점점 독서에 빠져
지냈고, 천문학자가 되기로 결심했다.

세이건은 16세에 여키스 천문대를
소유한 시카고 대학에 입학했다.
외계 생물학
미국 항공 우주국 자문 위원
이후 코넬 대학교에서
오랫동안 교수로 재직하면서,
여러 우주 탐사선 계획에 참여했다.

저자
코스모스
1980년 TV 다큐멘터리 시리즈
<코스모스>의 공저자이자
제작자로 활약.
콘택트
1997년 개봉된 영화
<콘택트>의 원작 소설 집필.
평생 20여 권의 책을
집필했고, 수많은 상을 받았다.

저 사진은 우리가 서로 친절하게 대하고,
우리가 아는 유일한 보금자리인 창백한 푸른 점을
소중히 보존하는 것이 우리의 의무임을
강조하고 있는 것입니다.

2장

천문대와 천문 관측

7

천문 관측의 명당자리는 어디일까?

천문학은 하늘을 관측하면서 발전해 왔어요. 그만큼 관측은 천문학의 핵심이지요. 하지만 요즘은 천문 관측을 아무 곳에서나 하지 않습니다. 천문 관측을 하는 장소는 어떤 특징과 조건을 갖추어야 할까요?

망원경이나 카메라 등의 관측 장비를 갖추고 천체를 관측하여 연구하는 시설을 천문대라고 합니다. 천문대에서 관측이 이루어져야 천문학도 발전할 수 있었으니, 천문학의 역사와 함께한 핵심 시설이라고 볼 수 있겠지요. 현대에 들어서 천문대는 과거보다는 몇 가지 더 까다로운 입지 조건을 가지게 됐어요. 천문학이 발전하면서 점점 더 어두운 천체들까지 관측을 하게 된 데다, 도시화가 진행되어 불빛이 많은 곳에서는 관측하기가 힘들어졌기 때문이에요.

》도시 불빛을《 피해 산으로

현재 전 세계 대부분의 천문대는 산에 위치해 있습니다. 우리나라 한국천문연구원에서 연구용으로 운영하는 보현산 천문대나 소백산 천문대도 해발 1,000미터가 넘는 산에 있어요. 자동차를 타고 구불구불한 산길을 한참 따라서 올라가야 하지요. 외국도 마찬가지입니다. 100여 년 전 에드윈 허블이 근무하며 많은 은하를 새롭게 발견했던 미국 캘리포니아의 윌슨산 천문대도 1,700미터 고지에 있고요. 4,000미터가 넘는 하와이 마우나케아산에는 켁 망원경, 스바루 망원경, 제미니 북반구 망원경 등 세계 최고의 지상 관측 망원경들이 모여 있습니다.

가장 큰 이유는 역시 도시의 불빛을 피하기 위해서겠죠? 산업화가 일어나기 전에는 어디에서나 밤하늘이 잘 보였지만, 요즘

대도시에서는 관측할 수 있는 천체가 적습니다. 금성, 목성 등의 행성과 밝은 별 몇 개 정도를 제외하면 맨눈으로 볼 수 있는 천체는 거의 없다고 볼 수 있습니다. 큰 망원경을 이용하면 더 어두운 천체까지 볼 수 있겠지만, 연구용 관측을 수행하기에는 한계가 커요. 밤하늘이 밝으면 그만큼 관측 가능한 범위도 줄어들기 때문이지요. 그래서 연구용 천문대는 물론이고, 사진 촬영이 목적인 천체 사진가들도 웬만하면 도시를 벗어나 불빛이 적은 산을 포토존으로 삼곤 합니다.

》지구 대기는《 관측 방해꾼

천문대가 산으로 올라가는 이유는 도시 불빛 때문만은 아니에요. 관측을 방해하는 또 하나의 요인은 지구 대기입니다. 높이 올라갈수록 공기 밀도가 낮아져 대기의 영향을 줄일 수 있기 때문에 산에 위치하는 것이 유리합니다. 지구 대기와 천체 관측이 무슨 상관일까요? 지상 관측 망원경으로 보는 모든 천체의 빛은 지구 대기를 통과해서 들어옵니다. 그러니 망원경에 맺히는 천체의 빛은 반드시 지구 대기의 영향을 받을 수밖에 없어요.

먼저 지구 대기의 밀도가 낮아지면 그만큼 날씨의 영향을 덜 받을 수 있습니다. 천체 관측을 하려는데 잔뜩 흐려서 구름과 안개가 시야를 가리거나, 아예 비나 눈이 와 버린다면 큰 방해를 받겠죠? 하지만 일정 고도 이상으로 올라가서 비구름보다 높은 곳에서 관측을 한다면 흐려도 관측에 지장이 덜 갑니다.

또한 대기가 희박한 곳에서 관측을 하면 천체에서 오는 빛을 더 선명하게 볼 수 있어요. 지구 대기를 통과하며 오는 빛은 공기 입자나 미세한 수증기, 먼지 등과 충돌하며 상이 퍼지게 됩니다. 겉보기에 날씨가 맑아 보이는 날에도 습도가 높거나, 먼지가 잔뜩 껴 있거나, 바람이 세게 부는 날에는 관측된 상도 더 크게 퍼지는 경향이 있어요. 이렇게 상이 퍼지는 걸 어려운 말로 '분해능이 나쁘다'라고 표현하는데, 분해능은 서로 다른 어떤 사물을 광학 기기가 구별하여 볼 수 있는 능력을 의미합니다. 스마트폰 사진에 비유하자면 초점이 어긋난 사진처럼 화질이 좋지 않은 결과물을 얻게 된다는 거지요.

》 천체 관측을 하려면 《
'시상'을 잘 살펴야 해

천문학자들은 관측을 수행하기 위해 그날그날 하늘의 상태를 살핍니다. 습도, 풍속, 먼지의 양, 강수 확률 등을 실시간으로 살피지요. 만약 관측이 어렵겠다 싶으면 그날은 천문대의 돔을 닫고 관측을 미루기도 해요. 이러한 요소들을 반영하여 천체의 빛이 대기의 영향을 받는 정도를 측정하는 중요한 지표가 있습니다. 바로 '시상(seeing)'이라는 지표예요.

시상은 어떤 별(항성)을 관측했을 때 망원경에 맺히는 별의 상이 얼마나 퍼져 보이는지를 측정한 값입니다. 대기의 영향이 전혀 없다면 모든 별은 하나의 점으로만 보여야 해요. 태양을 제외하고 별은 크기에 비해 거리가 너무 멀어서 현존하는 어떤 관측 기기로도 별 자체를 확대해서 볼 수는 없기 때문이지요. 하지만 실제 관측 사진을 보면 대기의 영향과 관측 기기 자체의 성능 한계 때문에 별이 어느 정도 크기를 지닌 원으로 보입니다. 그 크기를 대략 측정한 값이 바로 시상이에요. 천문학에서 시상은 각도로 측정합니다. 관측자를 중심으로 한 바퀴가 360도라고 할 때, 관측한 천체의 지름이 차지하는 각도를 측정하는 거예요. 예를 들어 보름달의 지름은 약 30분(1분은 60분의 1도)이지요. 상이 덜 퍼질수록 관측 여건이 좋을 테니, 시상 각도도 값이 작을수록 좋겠지요?

현재 우리나라 천문대에서 관측한 시상은 약 2~3초(1초는 3600분의 1도) 정도입니다. 관측 자료에서 별의 크기를 재 보면 평균적으로 2~3초 정도 된다는 이야기예요. 우리나라는 날씨 여건이 좋지 못해서 선명한 천체 관측 자료를 얻기에는 불리한 편입니다. 세계적으로 천체 관측을 활발히 하고 있는 천문대의 시상은 평균 약 1초 정도예요. 습도가 낮거나 바람이 잔잔한 날이면 0.5초 아래까지 내려가기도 하지요. 물론 시상은 그날그날 날씨 상태에 따라 달라지기 때문에, 관측 천문학자들은 오늘 얻을 관측 자료의 운명을 말 그대로 하늘에 맡기는 수밖에 없어요.

이렇게 시상이 좋은 곳을 찾아다니다 보면 자연스레 천문 관측의 명당자리들을 고를 수 있게 됩니다. 현재 관측 천문대가 위치하기에 좋은 조건은 도시의 불빛과 멀고, 건조하거나 바람이 적게 불며 날씨의 영향이 적은 곳이라고 정리할 수 있겠어요. 이런 조건을 충족시키는 곳은 대부분 고산 지대, 또는 건조한 사막 지역이에요. 그래서 건조한 미국 남서부 지역(캘리포니아, 애리조나 등)이나 호주 대륙, 안데스산맥이 있는 남아메리카 서부 지역(칠레), 높은 산을 끼고 있으며 날씨가 안정적인 화산섬들(하와이 제도, 카나리아 제도 등)이 세계적으로 천문대가 위치하기 좋은 조건을 갖추고 있지요. 그래서 많은 관측 천문학자들이 이런 명당자리에 위치한 천문대에서 관측 자료를 얻어 연구를 수행하고 있어요.

8

망원경으로 어디까지 볼 수 있을까?

망원경으로 천체를 관찰해 본 적이 있나요? 밤하늘에서 눈으로만 볼 때보다 망원경으로 천체를 보면 훨씬 더 가깝게 느낄 수 있지요. 천문학의 역사와 함께 발전해 온 망원경, 이제 우리는 망원경으로 어디까지 눈에 담을 수 있게 되었을까요?

우주에 관심이 많은 친구라면 천문대 공개 행사나 학교 천체 관측 행사에 한 번쯤 참여해 본 적이 있을 거예요. 이러한 관측 행사에 빠져서는 안 될 필수적인 장비가 바로 천체 망원경입니다. 망원경으로 초점을 맞추어 놓은 달이나 행성을 접안렌즈 너머로 직접 보면 우주가 좀 더 가까이 다가오는 기분을 느낄 수 있어요. 그만큼 망원경은 천체의 실제 모습을 자세히 만나 볼 수 있게 해 주는 통로이자 천문학의 발전을 이끈 일등 공신이기도 합니다.

» 망원경의 시작과 « 갈릴레이

1608년 네덜란드의 안경 기술자였던 한스 리퍼세이는 처음으로 렌즈를 이용해 빛을 모으는 망원경을 만들었어요. 망원경은 렌즈를 통해 멀리 있는 물체를 가까이 있는 것처럼 확대해서 보여 주는 역할을 했지요. 당시 무역이 활발했던 네덜란드에서는 항해 중 관측이나 군사적 목적으로 망원경을 이용했습니다.

망원경의 발명 소식을 전해 듣고 천체 관측용 망원경을 직접 만들었던 사람이 바로 갈릴레이였습니다. 당시 유럽에서는 모든 천체가 지구를 중심으로 돌고 있다는 지구 중심설이 주류였어요. 게다가 하늘에 뜬 천체들은 천상계의 물체이므로 완전무결한 공 모양이라고 생각했지요. 갈릴레이는 그러한 종교적 관념에 기반을 둔 우주관에 반대하며 망원경으로 실제 천체들의 모습을 관측하고 기록했던 사람이에요. 1609년 첫 망원경을 제작한 갈릴레이

는 처음에는 3배 배율의 망원경을 만든 다음, 점차 개량하면서 천체들을 약 30배까지 확대하여 볼 수 있는 망원경을 만들었습니다. 그리고 이 망원경을 이용한 관측으로 당대의 천문학과 우주관을 바꿔 놓기에 이르렀지요.

갈릴레이는 망원경으로 달과 태양을 관측하면서 천체들이 천상계의 완전무결한 물체가 아니라는 사실을 알아냈습니다. 망원경으로 본 달 표면은 산과 충돌구 등의 다양한 지형이 섞여서 울퉁불퉁했고, 태양은 표면의 흑점(주변보다 온도가 낮아 어둡게 보이는 지역)이 시간에 따라 움직였지요. 또한 1610년 1월에는 목성 주변에서 작은 천체 네 개를 발견했습니다. 며칠에 걸쳐서 이 천체들의 움직임을 살펴보니 목성을 중심으로 도는 모습을 확인할 수 있었어요. 하늘에 보이는 천체들이 모두 지구를 중심으로 도는 것은 아니라는 사실이 증명된 순간이었지요. 이 천체들은 목성의 대표적인 4대 위성(이오, 유로파, 가니메데, 칼리스토)으로 지금도 '갈릴레이 위성'으로 불리고 있지요. 갈릴레이의 망원경 덕분에 이때부터 천문학은 점성술이나 종교의 영역에서 완전히 벗어나 본격적으로 '관측의 학문'이 되었다고 볼 수 있습니다.

》클수록 빛을 더 많이《 모을 수 있어

망원경의 성능을 높이려면 어떻게 해야 할까요? 답은 아주 간단해요. '크게' 만들면 됩니다! 망원경에서 빛을 모으는 방식은 두 가지가 있어요. 갈릴레이의 망원경처럼 렌즈를 이용해 빛을 굴절시켜 모으거나(굴절 망원경), 아니면 들어온 빛을 오목 거울을 이용해 반사시켜 모으는 방식(반사 망원경)입니다. 여기서 빛을 모아 주는 렌즈나 거울을 크게 만들수록 빛을 많이 모을 수 있습니다. 이러한 능력을 '집광력'이라고 불러요.

망원경의 집광력은 렌즈나 거울이 빛을 받는 면적에 비례합니다. 즉, 망원경 렌즈나 거울의 지름이 두 배 커진다면 빛은 네 배 더 많이 모을 수 있다는 것이죠. 망원경이 커서 집광력이 좋으면 더 어두운 곳까지 볼 수 있어요. 너무 멀거나 희미해서 기존의 망원경으로는 보기 힘들었던 천체들까지 눈에 담을 수 있는 거예요. 그래서 더 큰 망원경이 만들어지면 그동안 보이지 않았던 새로운 천체들이 우후죽순으로 발견되곤 합니다.

18세기 이후부터 큰 망원경을 만들기 위한 경쟁이 본격적으로 시작됐습니다. 이때부터는 렌즈를 이용한 굴절 망원경보다 거울을 이용한 반사 망원경이 많이 만들어졌지요. 렌즈는 크게 만들기가 무척 힘든데다, 빛은 파장에 따라 굴절되는 정도가 다르다 보니 푸른색 빛과 붉은색 빛이 서로 다른 초점에 맺히는 문제가 있었기 때문이지요. (이를 '색수차'라고 부릅니다.) 다행히 광학 기술의 발전으로 거울을 점점 더 크게 만들 수 있게 되면서 망원경도 더 커졌습니다. 천왕성의 발견자로 유명한 윌리엄 허셜은 1789년 지름 1미터가 넘는 반사 망원경을 제작해 가장 큰 망원경에 이름을 올렸지요. 이 정도의 망원경으로도 수만 광년 떨어진 천체들을 찾아내며 우리은하의 모습을 엿볼 수 있었어요. 이후 1917년 미국 로스앤젤레스의 윌슨산 천문대에는 지름 2.5미터짜리 '후커 망원경'이 자리 잡았는데, 이 망원경 덕분에 우리은하를 넘어서 수천만 광년에서 수억 광년 떨어진 외부은하의 세계도 만날 수 있었답니다. 이 후커 망원경과 함께 유명해졌던 천문학자가 바로 에드윈 허블입니다.

》 넓고 깊게 우주를 탐사할 《 미래 망원경들

현재 지상에서 가장 큰 광학 망원경은 스페인 카나리아 제도에 있는 '그란 카나리아 망원경'과 하와이에 있는 '켁 망원경'입니다. 거울 지름이 10미터에 달하는 이 지상 망원경들은 수십억 광년 너

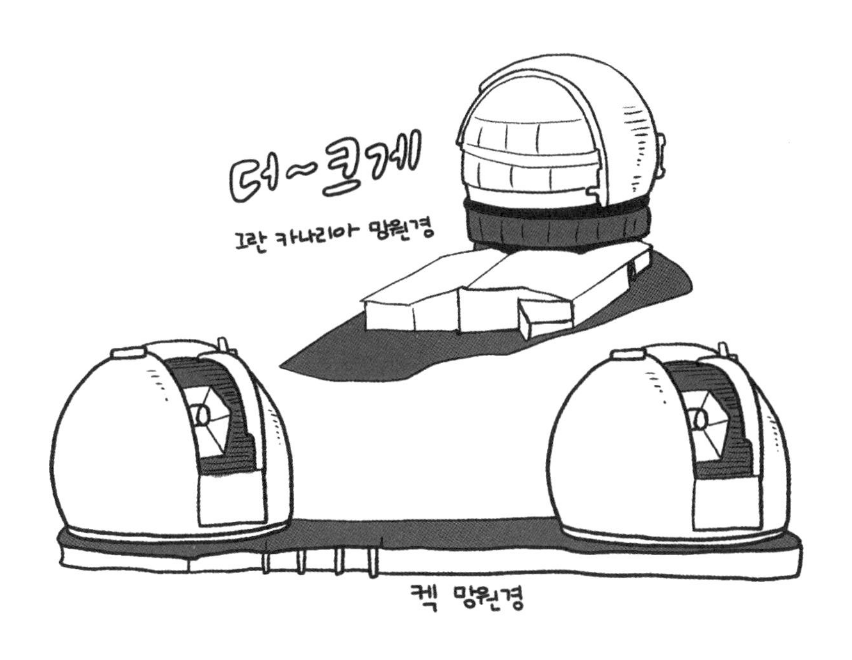

머에 있는 은하의 성질도 자세히 분석할 수 있어요. 앞으로 지어질 거대 망원경들은 거울 지름을 이보다 몇 배로 키워서 더 어두운 곳을 보고자 합니다. 거대 마젤란 망원경(25미터)이나 초거대 망원경(40미터) 등이 이미 추진되고 있지요. 이렇게 큰 망원경들은 거울을 하나로 만드는 것조차 쉽지 않아서 여러 개의 조각 거울을 이용합니다. 거대한 망원경들은 수백억 광년 너머 우주 초기의 천체들이나, 가까이 있어도 스스로 빛을 내지 않아 어두운 외계 행성 등을 찾는 데 이용될 예정이에요.

그렇다면 작은 망원경은 더 이상 필요가 없을까요? 꼭 그렇지는 않습니다. 작은 망원경은 집광력은 떨어지는 대신, 한 번에 볼 수 있는 시야가 넓은 장점이 있어요. 큰 망원경이 천체를 '소수 정예'로 관측한다면, 작은 망원경은 여러 천체를 한꺼번에 눈에 담을 수 있지요. 이러한 방식으로 전체 하늘을 관측하면 우주의 천체 지도를 그려 볼 수 있어요. 이미 2.5미터 망원경을 이용한 '슬론 디지털 하늘 탐사'가 수십억 광년까지의 은하 지도를 보여 준 바 있고, 앞으로는 칠레의 베라 루빈 천문대에서 8미터급 중대형 망원경으로 더 자세한 지도를 그려 줄 예정이지요. 미래 망원경이 밝혀 줄 우주의 모습은 과연 어떨지 궁금하지 않나요?

9

우주에서 관측하면 어떤 점이 좋을까?

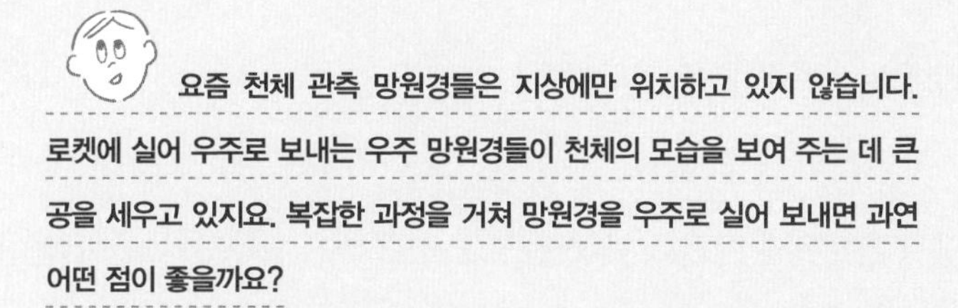

요즘 천체 관측 망원경들은 지상에만 위치하고 있지 않습니다. 로켓에 실어 우주로 보내는 우주 망원경들이 천체의 모습을 보여 주는 데 큰 공을 세우고 있지요. 복잡한 과정을 거쳐 망원경을 우주로 실어 보내면 과연 어떤 점이 좋을까요?

2021년 크리스마스 날 발사되었던 '제임스 웹 우주 망원경'을 기억하시나요? 이때 성공적으로 발사된 제임스 웹 우주 망원경은 이듬해 여름에 첫 관측 사진을 보내왔어요. 먼 우주에 있는 '고대 은하'들의 모습과 별이 생성되고 파괴된 흔적 등 다양한 우주의 매력을 보여 주었지요. 제임스 웹 우주 망원경뿐만 아니라 여러 우주 망원경들이 우리가 우주를 알아 가는 데 큰 업적을 세웠습니다. 지상 망원경 관측만으로는 어려운, 우주 망원경만 할 수 있는 일이 있기 때문이에요.

》관측 방해꾼이 없는《 우주

우주에는 관측 방해꾼이 없습니다. 지상에서 관측할 때 가장 방해가 되는 요소는 날씨, 구름, 먼지, 도시 불빛 등이 있어요. 그래서 지상 관측 천문대는 도시와 멀고 공기가 희박한 산에 위치하고 있지요. 하지만 산이라고 해서 지구의 관측 방해꾼으로부터 완전히 자유로운 것은 아니에요. 실제로는 높은 산에 있는 천문대에서도 날씨가 안 좋아서 천문대의 돔을 닫아야 하는 경우가 꽤 흔하답니다. 그래서 관측 일정이 밀리거나 취소되기도 해요. 인간의 힘으로는 어찌할 수 없는 부분이라 관측 천문학자들은 늘 본인의 관측일에 날씨가 맑기를 바라지요.

하지만 우주에서는 날씨 변수를 생각하지 않아도 돼요. 우주 망원경이 정상적으로 관측 일정을 수행하고 있다면 특별한 일이 없는 한 예정된 관측은 문제없이 진행될 수 있어요. 사실 관측 천문학자들에게는 이것만으로도 큰 장점이 됩니다.

게다가 우주에는 공기가 없기 때문에 천체의 빛이 공기에 의해 흔들릴 염려도 없지요. 쉽게 말하면 지상에서 대기를 통해 들어온 빛을 관측하는 것보다 훨씬 더 선명한 상을 얻을 수 있다는 거예요. 지상 관측 천문대의 평균 시상은 약 1초 정도입니다. 하지만 허블 우주 망원경에 맺히는 상은 약 0.1초 정도의 크기를 지녀요. 지상 관측 망원경보다 약 10배 정도 더 또렷하고 선명하게 보인다는 뜻이지요.

그렇다면 별의 무리인 성단을 관측한다면 어떨까요? 지상 관측 망원경 사진으로는 성단 속 별들이 흐릿흐릿하게 서로 뒤섞여 보이겠지만, 우주 망원경 사진으로 보면 휘황찬란하고 아름다운 별들이 선명하게 보입니다. 이 때문에 우리의 눈을 사로잡는 천체 사진들은 대부분 우주 망원경에서 촬영된 사진인 경우가 많아요. 특히 1990년에 발사된 허블 우주 망원경은 지금까지도 우리에게

제임스 웹 우주 망원경 웹사이트에 들어가 보면 공식적인 연구 목표를 네 가지로 정리해 보여 주고 있어요. '초기 우주(Early Universe)', '은하 진화(Galaxies Over Time)', '별의 일생(Star Lifecycle)', 그리고 '태양계 및 외계 행성(Other Worlds)'입니다. 이름들을 보면 알겠지만, 거의 우주의 모든 천체 종류를 넘나들며 연구하겠다는 의지가 엿보이지요. 제임스 웹 우주 망원경은 착실히 목표를 달성해 나가고 있습니다. 가까운 은하와 먼 은하, 별이 탄생하는 성운과 별이 죽고 난 뒤의 성운, 천왕성과 해왕성의 새로운 모습들, 그리고 외계 행성의 대기까지 모두 담아서 보여 주고 있으니까요.

우주의 고화질 컬러 사진을 선물해 주고 있지요.

》다양한 파장대로《 눈을 넓힐 수 있어

또한 우리 눈에 보이지 않는 빛을 관측하려면 우주로 나가야 합니다. 특히 자외선이나 엑스선처럼 파장이 짧은 빛은 지구 대기가 거의 다 흡수해 버리기 때문에 지상에서는 관측이 불가능해요. 애초에 자외선과 엑스선이 지구 대기를 통과해 들어왔다면 지상에는 생명체가 살기도 힘들었겠죠? 그래서 천체에서 오는 자외선이나 엑스선을 보려면 우주 망원경을 띄우는 것 말고는 다른 방법이 없습니다. 1968년에 인류 역사상 처음으로 우주 망원경의 기능을 수행했던 나사(NASA)의 '궤도 천문 관측소-2'도 자외선 영역에서 우주를 관측했어요. 이때 태양계의 혜성 주위에서 가열된 기체가 자외선 빛을 내는 장면도 처음으로 포착했지요.

파장이 긴 적외선 영역도 우주로 나가서 관측하면 장점이 많습니다. 우선 적외선은 생명체의 몸에서도 나오고 지구 자체도 거대한 적외선 방출원이기 때문에 지상에서는 방해를 많이 받아요. 그래서 스피처 우주 망원경(2003~2020년)이나 제임스 웹 우주 망원경같이 적외선 영역을 관측하는 망원경들은 더 선명한 관측 자료를 얻기 위해 우주로 나가곤 합니다. 그뿐만 아니라 전파 망원경도 지상의 방해를 피해서 우주로 가면 훨씬 분해능이 좋은 자료를 얻을 수 있어요.

》지상 망원경과는《 공생 관계

물론 우주 망원경이 있으니 이제 지상 망원경은 필요 없다는 말은 아니에요. 우주 망원경은 너무 비싸고 발사한 뒤에도 유지와 관리가 매우 힘든 관측 기기입니다. 그래서 원하는 만큼 자주 쏘아 올릴 수는 없어요. 게다가 크게 만들 수 있는 지상 망원경과는 달리, 우주 망원경은 무작정 크게 만들었다간 발사조차 못 하게 돼요. 그래서 우주 망원경은 지상 망원경과 서로 보완하는 관계라고 할 수 있어요. 우주 망원경이 목표 천체를 더욱 선명하게 다양한 파장에서 보여 준다면, 커다란 지상 망원경은 빛을 잘 모아서 어두운 천체까지 관측해 주는 셈이지요.

10

관측 자료가 멋진 사진이 되기까지는?

인터넷에서 간단히 검색만 해 봐도 예쁘고 컬러풀한 천체 사진들이 나오죠. 그런데 망원경에서 얻는 원래 관측 자료의 모습은 좀 다르답니다. 우리가 보는 천체 사진은 원래 관측 자료에서 어떻게 가공되어 나왔을까요?

사진관에 가서 증명사진을 찍으면 어느 정도 보정된 얼굴 사진을 얻을 수 있지요. 요즘은 스마트폰에 각종 필터를 씌워 주는 카메라 어플리케이션들이 그런 보정 역할을 더 잘해 주기도 하고요. 사실 우리가 보는 천체 사진들도 마찬가지예요. 원래 망원경 관측을 통해 얻는 사진은 흑백 사진입니다. 단순히 평면상에 있는 픽셀들에 숫자 값이 채워진 디지털 자료이지요. 이런 '원자료(raw data)'를 보기 좋은 사진으로 만들거나 연구용으로 쓰려면 가공이 필요합니다. 그래서 관측 천문학자나 천체 사진가들은 이 가공 과정에 상당히 많은 공을 들이곤 하지요.

》 여러 파장 영역을 이용해 《 색을 입혀

흑백 천체 사진을 컬러 사진으로 바꾸는 비밀은 바로 필터에 있습니다. 필터는 특정한 파장 영역만을 투과시키는 장치인데, 쉽게 말해서 색이 입혀진 셀로판지 같은 거라고 생각하면 돼요. 파란색 필터는 파장이 짧은 가시광선 영역만을, 빨간색 필터는 파장이 긴 가시광선 영역을, 그리고 노란색이나 초록색 필터는 그 중간 정도 되는 가시광선을 투과시킵니다. 특정한 필터를 씌우면 그 필터가 투과시켜 주는 파장대의 빛만 관측할 수 있는 거죠. 그래서 가시광선 영역을 관측하는 망원경이라도 필터를 이용하면 여러 파장 영역으로 나누어서 볼 수 있어요.

망원경에 흔히 이용되는 필터들은 파장에 따라 5개의 묶음으로 이루어져 있어요. 파장이 짧은 쪽에서 긴 쪽으로 U(자외선) - B(단파장 가시광선) - V(중파장 가시광선) - R(장파장 가시광선) - I(적외선) 필터를 이용하는 'UBVRI' 필터 시스템이 대표적이지요. 물론 최근에는 파장 영역을 더욱 촘촘하게 나누어 보다 많은 필터를 이용하기도 합니다. 어쨌든 망원경이 어떤 천체를 관측할 때는 한 번만 찍는 것이 아니라, 이렇게 여러 개의 필터를 씌워 가며 각기 다른 파장대에서 관측 자료를 얻는 것이죠.

이렇게 얻어진 여러 장의 흑백 사진에 필터별로 색깔을 입히면 우리의 눈을 즐겁게 해 주는 천체 사진이 됩니다. 파장이 짧은 필터는 파란색이나 보라색 계열을 입혀 주고, 파장이 긴 필터는 빨간색과 주황색을 입혀 주는 식이죠. 엄밀히 말하면 천체 사진에서 보여 주는 색깔은 필터에 따라 인위적으로 채색된 것이라고 볼 수 있어요. 천체가 정말로 사진과 같은 색깔로 빛나는 것이 아니라 보기 좋게 만들어진 사진인 셈이지요. 그래서 이렇게 만들어진 사진을 '가짜 컬러 사진(false color image)'이라 부르기도 합니다.

물론 그렇다고 천체의 컬러 사진이 거짓된 자료라고 볼 수는 없어요. 필터를 이용해 여러 파장대에서 천체를 본다는 건 그만큼 여러 개의 다른 시선에서 천체를 본다는 뜻이에요. 하나의 필터에서 관측한 흑백 사진보다 훨씬 더 많은 정보를 줄 수 있는 것이 바로 컬러 사진입니다. 사진에서 푸르게 보이는 별은 파장대가 짧으니 온도와 에너지가 높은 별이고, 반대로 붉게 보이는 별은 온도와 에너지가 낮은 별이라는 걸 한눈에 알 수 있으니까요.

》새로운 관측 방해꾼《 인공 위성

보기 좋게 컬러 사진을 만드는 걸 넘어서, 관측 자료로 실제 연구를 하려면 조금 더 가공 과정이 필요합니다. 이때는 온갖 '잡음'을 신경 써서 제거해야 하는데, 잡음이란 관측 자료 속에 목표로 하는 천체의 정보가 아닌 다른 정보가 담긴 신호를 의미해요.

라디오나 텔레비전에서 제대로 수신이 되지 않는 채널을 맞추면 지지직 하는 소리나 화면이 잡히는 걸 본 적이 있을 거예요. 관측 자료에도 이런 무작위한 잡음이 존재합니다. 그리고 관측 자료를 담는 카메라는 온도에 민감해서 바깥 온도가 높아지면 열에 의해 열잡음이 생기기도 해요. 또한 카메라도 기기 상태에 따라 픽셀 위치별로 신호 감도가 달라집니다. 예를 들어 거울 표면에 조그만 먼지가 묻거나 하면 그 부분은 감도가 낮아집니다. 이러한 부분들은 추가 보정이 필요하기 때문에 보정용 관측 자료를 따로 얻어서 해결해요.

이러한 잡음뿐만 아니라 밤하늘 자체의 밝기나 달빛, 또는 우주에서 날아오는 입자들도 잡음 요소예요. 관측 천문학자들은 늘 이런 잡음을 통제하며 천체 관측 자료에 미치는 영향을 줄이고자 노력하고 있어요. 특히 요즘은 너무 많아진 인공위성들이 또 다른 잡음으로 등장하여 천문학자들의 새로운 과제로 떠올랐지요.

11

별자리는 어떤 역할을 할까?

옛날부터 사람들은 밤하늘의 별을 올려다보며 별들을 짝지어 모양 만들기를 좋아했어요. 그렇게 만들어진 모양이 바로 별자리지요. 천문학에서 별자리는 어떤 역할을 할까요?

별이 총총하게 뜬 깊은 밤중에 별 지도를 들고 나가서 별자리를 찾아본 적이 있나요? 별 지도에 나와 있는 별들을 하나둘 찾아 이으면 밤하늘에 별자리를 그릴 수 있지요. 말로만 듣던 별자리를 실제 밤하늘에서 처음 만나 보는 건 정말 신기한 경험입니다. 계절마다 바뀌는 별자리들을 찾으며 별자리에 얽힌 이야기를 떠올리는 건 밤하늘을 올려다보는 재미이기도 하지요. 그렇지만 별자리가 단순히 재미를 위해서만 만들어진 것은 아니었어요.

» 방향을 알려 주는 « 북극성과 남십자성

별자리는 원래 방향을 찾는 데 자주 이용되었어요. 우리가 발을 딛고 선 지구가 자전하면 시간에 따라 하늘에 뜬 별도 움직이는 것처럼 보입니다. 이때 지구 자전축 방향에 정확히 위치한 '기준 별'은 움직이지 않고 다른 별들이 그 기준 별을 중심으로 도는 것처럼 보이게 돼요. 북반구에서는 북극성이, 남반구에서는 남십자성이 바로 그 기준 별들이지요. 그러니 북반구에 있는 사람에게는 북극성이 뜬 방향이 북쪽이 되는 것이고, 남반구에 있는 사람에게는 남십자성이 뜬 방향이 남쪽이 됩니다. 그래서 북극성이나 남십자성 주변의 별자리들을 연결시켜 잘 기억해 두면 방향을 찾는 데 도움이 되지요. 특히 항해 중에 방향을 찾는 데 많이 이용되었어요.

현재 우리가 쓰고 있는 별자리들은 전체 하늘 영역에 걸쳐 88개가 정해져 있습니다. 별의 모양을 잇는 방법이 사람마다 지역마

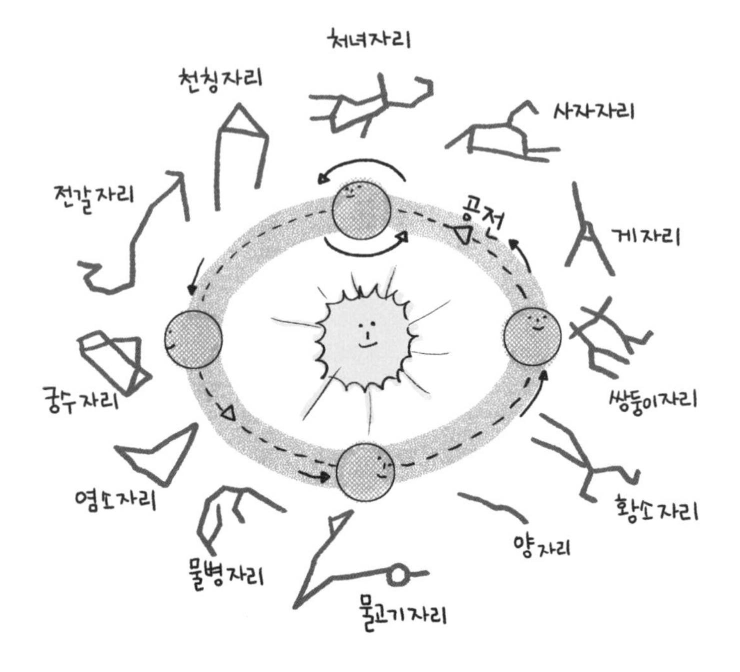

다 달랐기 때문에 별자리는 원래 통일이 되어 있지 않았어요. 하지만 대항해 시대가 열리고 근대로 오면서 지역별 교류가 활발해지자 별자리 분류도 정리해야 할 필요가 생겼습니다. 결국 1928년 국제 천문 연맹 총회에서 현재의 별자리 체계가 확정되었지요. 단순히 별을 이어 모양을 만드는 거라면 별자리는 아무렇게나 만들어 낼 수 있지만, 기준 방향을 찾을 때는 정해진 표준 별자리를 이용합니다.

사실 별자리는 우리가 만든 모양일 뿐, 실제로 별자리 속 별들은 서로 아무런 상관이 없는 경우가 대부분이에요. 서로 밝기도 나이도 거리도 완전히 다른 별들인데 지구의 하늘에서 우연히 이웃한 것처럼 보이는 것뿐이지요. 예를 들어 겨울철 대표 별자리인 오리온자리의 어깨에 있는 붉은 별 '베텔게우스'는 약 600광년 떨어진 별이고, 오리온자리의 허리띠에 늘어선 별들은 약 1200광년에서 2000광년 정도 거리에 있는 별들이에요. 서로 아무런 상관이 없지만 우리 눈에 하나의 별자리 구성원으로 묶인 셈이지요. 그러다 보니 사실상 별자리는 인간이 만들어 낸 모양일 뿐 그 이상의 과학적 의미는 없다고도 볼 수 있어요.

》천체를 찾아 주는《 길잡이

천문학을 공부하다 보면 늘 받는 질문이 있습니다. 별자리를 다 외워서 하늘을 보면 다 찾을 수 있냐는 질문이요. (사실은 저도 처음엔 그런 줄 알았어요.) 그런데 별자리에 있는 별들은 이미 대부분 관측 연구가 되어 있기 때문에 연구 대상으로서의 의미는 크지 않습니다. 그래서 천문학자들도 별자리를 따로 배우지는 않습니다. 오히려 천문학자들이 취미로 천체 사진을 찍는 사진가들보다 더 별자리를 모르는 경우가 많답니다.

그래도 천문학에서 별자리는 천체를 찾는 데 도움을 줍니다. 관측하고 싶은 천체 주변의 별자리를 알고 있다면 위치를 훨씬 빠르게 찾을 수 있지요. 실제로 관측을 할 때도 별자리가 그려진 지도상에서 천체를 찾아 망원경의 좌표를 조절하기도 하고, 별자리의 별들이나 잘 알려진 주변 천체들을 이용해 망원경의 초점을 맞추는 시험 관측을 하기도 합니다. 넓디넓은 밤하늘에서 천체를 찾아 주는 길잡이 역할을 톡톡히 해 주는 것이죠.

갈릴레오 갈릴레이(1564. 2. 15-1642. 1. 8)
갈릴레오 갈릴레이는 이탈리아 피사에서 태어났다.
1581년 피사 대학에서 의학을 공부하였는데, 중퇴하고
더 흥미가 있는 수학과 과학을 공부하였다.
수학을 잘해서
피사 대학의
수학 강사가 되었지.
의학은 별로야.

다양한 분야에서 월등하던
그는 천문학에도 빠져 있었다.
이게 망원경?
멀리 볼 수 있지요.

1609년 갈릴레이는 네덜란드에서 만든
망원경을 개량하여 천체 관측용 망원경을
직접 만들었다. 더 나아가 천체들을
약 30배까지 확대하여 볼 수 있는
망원경을 만들었다.
오!
크게 더 크게

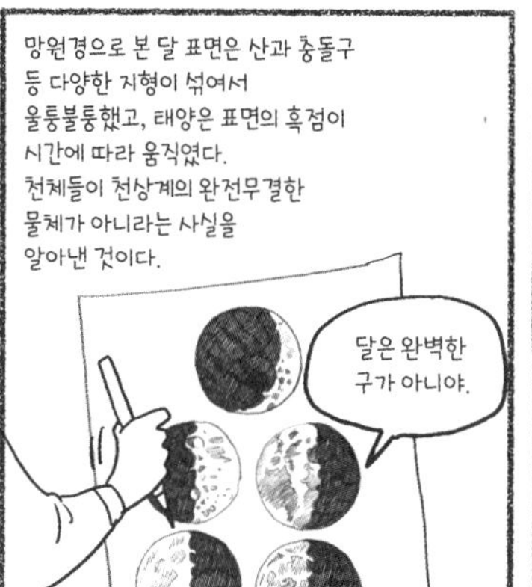
망원경으로 본 달 표면은 산과 충돌구
등 다양한 지형이 섞여서
울퉁불퉁했고, 태양은 표면의 흑점이
시간에 따라 움직였다.
천체들이 천상계의 완전무결한
물체가 아니라는 사실을
알아낸 것이다.
달은 완벽한 구가 아니야.

1610년 1월에는 목성 주변에서 작은
천체 네 개를 발견했다. 며칠에 걸쳐서
관찰해 보니, 이 천체들이 목성을
중심으로 도는 모습을 확인할 수 있었다.
목성에 네 개의 위성이 있다!
천체들이 모두 지구를 중심으로 도는 게 아니야.

갈릴레이는 자신의 관측 결과를 바탕으로 코페르니쿠스의
지동설이 옳다고 생각했지만, 로마 교황청은 절대로
지동설을 말하지 말라고 경고했다.
로마 교황청

1632년 갈릴레이는『두 가지 주요 세계관에 대한 대화』를
집필해서 지동설을 확립하려고 했으나,
교황청에 의해 금서 목록에 올랐다.
갈릴레이는 로마로 소환되어,
앞으로 절대로 이단 행위를
하지 않겠다고 서약했다.
두 가지 주요 세계관에 대한 대화
서약서

갈릴레이는 옛집으로 돌아와 시력마저 잃고,
저술에 힘쓰다가 세상을 떠나고 말았다.

3장

천문 현상의 비밀

12

지구에 계절 변화가 생기는 이유는?

푹푹 찌는 무더운 여름과 꽁꽁 얼어붙은 겨울, 우리나라는 계절에 따라 날씨가 정말 뚜렷하게 달라지지요. 이러한 계절 변화도 우리가 발 딛고 사는 천체인 지구의 운동과 관련이 깊습니다.

우리 삶에 가장 큰 영향을 미치는 천체를 꼽으라면 단연 지구와 태양을 꼽을 수 있을 거예요. 지구는 우리의 터전 그 자체이고, 태양은 지구에 생명을 꽃피우는 근원과도 같으니까요. 그래서 태양을 중심으로 도는 지구의 운동은 우리에게 큰 영향을 미칩니다. 우리에게 피부로 닿는 가장 큰 영향 중 하나는 바로 계절의 변화입니다.

》지구의 운동,《 공전과 자전

지구는 태양의 중력에 이끌려 태양 주위를 주기적으로 도는 운동을 하고 있어요. 이런 운동을 '공전' 운동이라고 합니다. 공전 운동은 천체들 사이에서 아주 흔하게 볼 수 있는 운동인데, 무거운 천체의 중력에 이끌려 가벼운 천체가 일정한 주기와 궤도를 가지고 공전 운동을 하게 됩니다. 지구는 초속 약 30킬로미터의 속도로 태양을 공전하고 있습니다. 그 속도로 지구가 태양을 한 바퀴 도는 데 걸리는 시간이 바로 '1년'이지요.

한편 지구는 공전 운동뿐만 아니라 일정한 회전축을 가지고 스스로 돌고 있는데, 이를 '자전' 운동이라고 합니다. 하늘에 보이는 천체들이 동쪽 하늘에서 떠서 서쪽 하늘로 지는 것은 지구가 서쪽에서 동쪽으로(북반구 기준으로 반시계 방향) 자전하고 있기 때문이지요. 지구 자전 운동의 주기는 약 24시간으로, '1일'의 기준이 됩니다. 지구가 자전 운동을 하는 속도는 위도마다 달라요. 적도 근처가 둘레가 가장 길기 때문에 자전 속도가 초속 약 460미터로 가장 빠르고, 우리나라 정도의 위도에서는 초속 약 360미터로 돌고 있습니다.

지구 자체는 공전과 자전 모두 엄청난 속도로 운동하는 천체입니다. 다만 우리는 그렇게 도는 지구 위에 붙어서 살고 있기 때문에 이러한 운동을 스스로 체감하지 못할 뿐이에요. 아마 하늘에 뜨는 천체의 운동을 관찰하지 않았다면 이런 지구의 운동도 알아낼 수 없었을 겁니다.

》기울어진 자전축이《 만들어 낸 계절

지구가 태양을 공전하면서 지나가는 길을 쭉 이으면 하나의 타원이 만들어집니다. 이 타원의 둘레는 지구의 공전 궤도이고, 타원을 포함하는 평면은 공전 궤도면이 되지요. 지구는 이 공전 궤도면 위에서 팽이처럼 스스로 자전하면서 타원 둘레를 따라 공전하는 천체예요. 그러면서 햇빛을 받는 정도가 변하게 되지요.

만약 지구가 자전하는 회전축(자전축)이 막 돌려놓은 팽이처럼 공전 궤도면에서 수직으로 똑바로 서 있다면 어떻게 될까요? 지구가 아무리 공전해도 늘 해가 같은 시간에만 뜨고 지기 때문에, 낮과 밤의 변화만 나타날 뿐 계절은 변하지 않습니다. 적도 지방은 정오가 되면 항상 수직으로 해가 내리쬐니 여름밖에 없을 테고, 고위도 지방은 늘 해가 늦게 뜨고 빨리 져 버리니 겨울 왕국이나 다름없을 거예요.

하지만 지구의 자전축은 약간 비스듬하게 기울어져 있습니다. 정확하게는 공전 궤도면에 수직한 방향에서 약 23.5도 기울어져 있지요. 이렇게 되면 지구가 공전하면서 햇빛을 받는 시간이나 각도도 달라지게 돼요. 우리나라가 위치한 북반구를 기준으로 이야기하자면, 지구 자전축이 태양 방향으로 기울어져 있는 위치에서는 햇빛을 더 오래, 수직에 가까운 각도로 받을 수가 있어요. 이때가 바로 여름이지요. 그리고 반년이 지나 지구가 공전 궤도의 반대편으로 가면 햇빛을 더 짧게, 비스듬한 각도로 받기 때문에

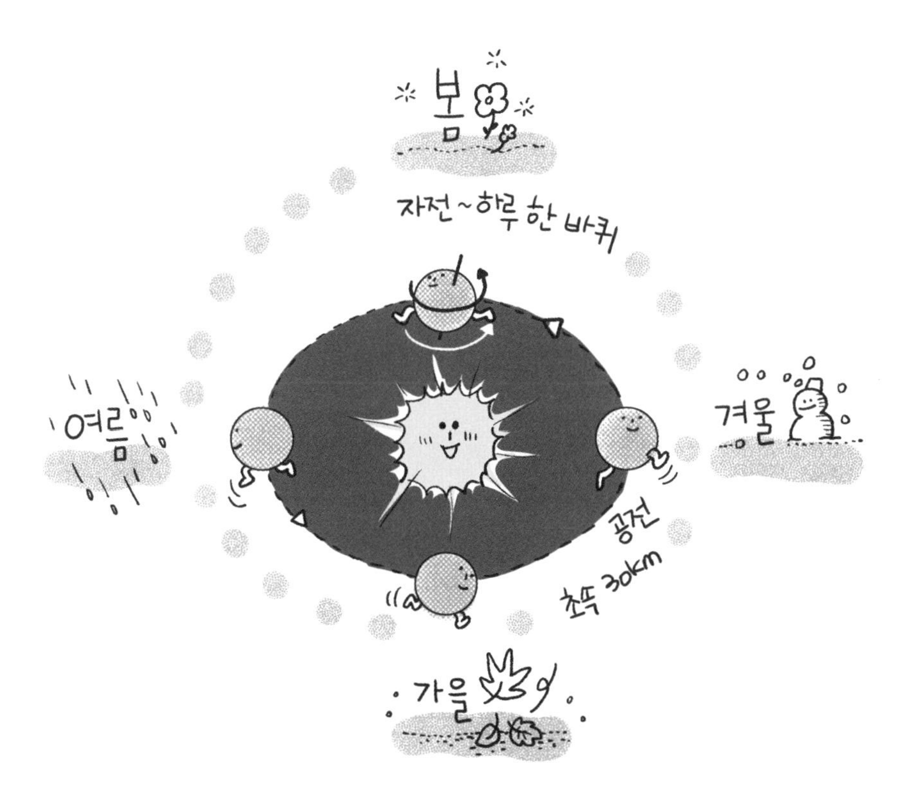

온도가 낮아집니다. 그러면 겨울이 되는 거예요.

우리의 옷차림과 식단, 꽃이 피고 지는 시기, 울긋불긋한 단풍, 하얗게 내리는 눈 등 계절의 변화는 우리 일상의 모든 부분에 영향을 미칩니다. 특히 사계절의 다양한 모습을 볼 수 있고 계절별로 차이가 큰 우리나라에서는 더욱 중요한 삶의 한 부분이지요. 물론 구체적인 계절 변화는 위도마다 다르게 나타납니다. 중위도 지역에서는 사계절이 어느 정도 구분이 되는 한편, 저위도 지역은 햇빛을 많이 받아서 여름이 길고 고위도 지역은 햇빛 양이 적어 겨울이 길어요. 하지만 정도의 차이만 있을 뿐 저위도나 고위도 지역 모두 계절의 변화가 어느 정도는 나타납니다. 이렇게 다채로운 계절 변화의 비밀에는 지구의 공전 운동과 기울어진 자전축이 함께 숨어 있어요. 당연한 듯이 지나가는 계절 변화도 일종의 천문 현상인 셈이지요.

13

음력은 어떻게 생겨났을까?

지금도 큰 달력에는 흔히 쓰는 양력 날짜 아래에 조그맣게 음력 날짜가 적혀 있습니다. 음력 날짜는 무엇을 기준으로 만들었을까요? 천체의 운동과는 어떤 관련이 있을까요?

지구가 태양을 공전하는 운동을 기준 삼아 하루와 일 년을 규정한 것이 '양력', 달이 지구를 공전하는 운동을 기준으로 삼은 것이 '음력'입니다. 요즘은 거의 모든 일에 양력을 쓰다 보니 음력 날짜는 옛날 역법처럼 느껴지지요. 하지만 우리나라에서는 지금도 설, 추석, 정월 대보름 같은 명절을 쇠거나 현재 중년 이상이신 분들의 생일을 따질 때는 음력 날짜를 많이 이용하고 있습니다. 음력의 기준이 되는 달은 과연 어떤 운동을 보여 줄까요?

》지구가 거느린 위성, 《 달

우주의 천체들은 서로 끌어당기는 힘인 중력에 이끌려 움직이게 됩니다. 가벼운 천체는 무거운 천체의 중력에 붙잡혀서 운동하게 되지요. 지구가 태양을 공전하듯이, 달은 지구의 중력에 잡혀서 공전 운동을 하고 있어요. 이렇게 태양이 아닌 행성을 중심으로 공전하는 가벼운 천체를 '위성'이라고 합니다. 달은 지구가 거느린 하나뿐인 위성이에요. 달은 지구 주위를 약 한 달에 한 바퀴씩 도는데, 이 주기가 일 년을 열두 '달'로 나누는 한 달의 기준이 되지요.

지구의 하늘에는 낮에는 태양이 뜨고 밤에는 달이 휘영청 떠서 빛을 밝혀 줍니다. 태양과 달은 전혀 다른 천체임에도 불구하고 하늘에서는 비슷한 크기로 보이지요. 실제로는 태양이 달보다 400배 이상 더 크지만, 지구에서 떨어진 거리는 달이 400배 더 가까우므로 겉보기에는 비슷한 크기로 보이는 거예요. 게다가 태양은 스스로 빛을 내는 별이지만, 달은 그저 태양 빛을 받아 반사하는 모습이 우리 눈에 보이는 겁니다. 이렇게 서로 다른 두 천체지만 지구의 하늘에서는 다른 별이나 행성들에 비해 훨씬 크고 밝게 빛나지요. 그러니 우리에게도 큰 영향을 미칠 수밖에 없는 천체들이었을 겁니다.

》달이 차오른다?《
달의 몰락?

이런 두 천체의 운동이 맞물리면서 달은 하루하루 모습을 바꾸는 현상을 보여 줘요. 음력 1일이 시작될 때쯤엔 달이 없다가, 며칠 지나 점점 오른쪽부터 차오르면서 음력 15일쯤 되면 환하게 밤을 밝히는 보름달로 보이지요. 그러다가 다시 새벽에나 볼 수 있는 반달로 사그라지면서 그믐이 되면 다시 달이 보이지 않게 됩니다. 이렇게 달은 차오르기도 하고 이지러지기도 하며 마치 인생의 사이클을 연상시키는 듯한 모습을 보여요. 이러한 천문 현상을 달의 '위상 변화'라고 부릅니다.

달의 위상 변화는 달이 공전하면서 태양 빛을 받는 부분이 계속 바뀌기 때문에 나타납니다. 이런 위상 변화는 달뿐만 아니라 별 주위를 도는 행성이나 위성에서 흔히 볼 수 있는 현상이기도 하지요. 달이 지구를 공전하면서 태양-달-지구 순으로 늘어지면 그때가 그믐입니다. 해가 지면 달도 곧바로 따라서 져 버리기 때

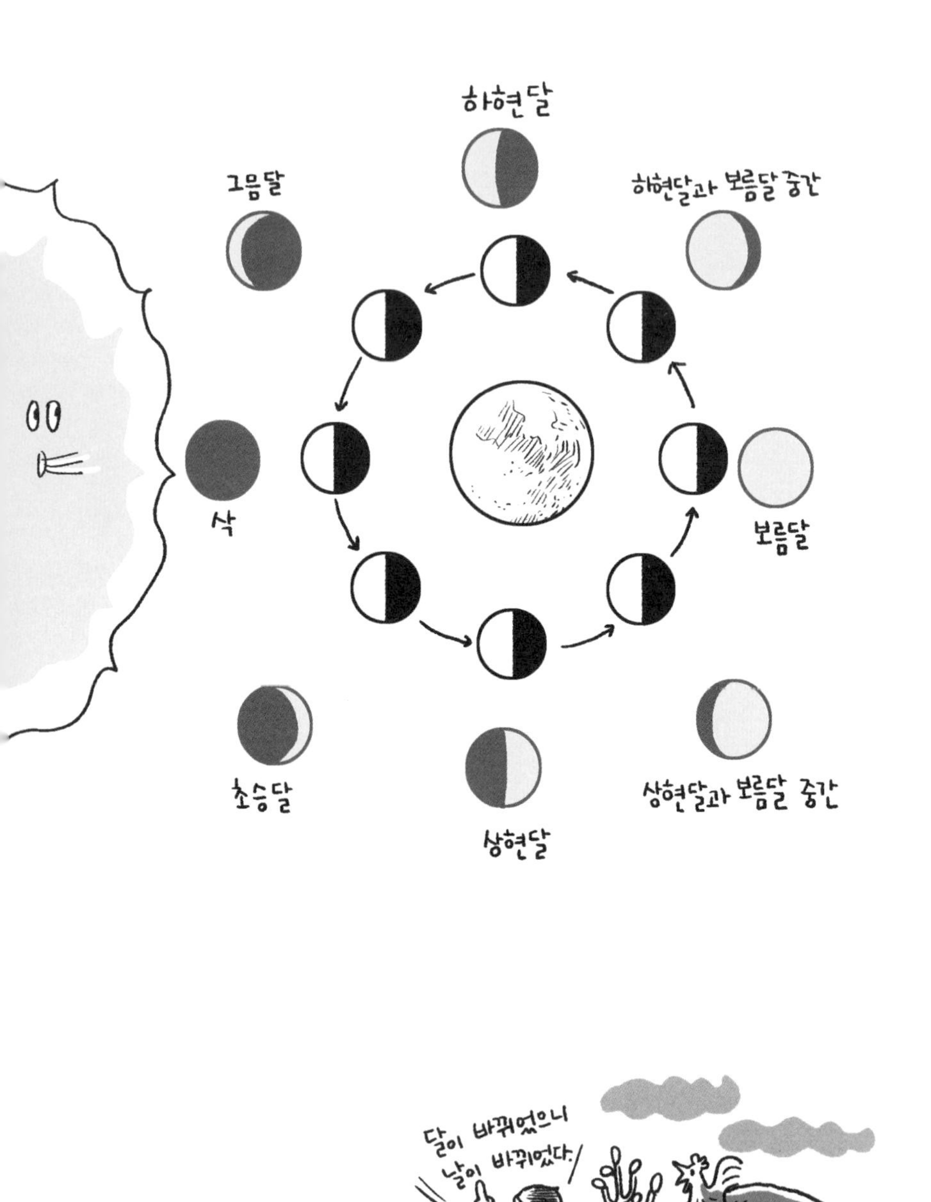

하현달
그믐달
하현달과 보름달 중간
삭
보름달
초승달
상현달과 보름달 중간
상현달

달이 바뀌었으니
날이 바뀌었다!

문에 거의 달을 볼 수 없는 거지요. 하지만 며칠이 지나면 달이 그만큼 움직이면서 태양 빛을 받는 부분이 지구에서 점점 더 넓게 보이게 됩니다. 그러다가 태양-지구-달 순으로 늘어서면 달의 한 면 전체를 지구의 밤하늘에서 볼 수 있는 거지요. 그때는 보름날이에요. 그믐날과 보름날 사이에 태양-지구와 달이 수직으로 늘어서면, 지구에서는 달의 반쪽만 태양 빛을 받는 것처럼 보여서 반달로 보이게 됩니다. 이러한 원리로 달의 위상 변화가 약 29.5일을 주기로 나타나요. 달의 공전 운동과 그 가운데 나타나는 태양, 지구, 달의 상대적인 위치 변화가 만들어 내는 천문 현상이지요. 옛날 사람들은 바로 이렇게 달의 모양이 주기적으로 바뀌는 걸 보고 음력 날짜를 생각해 냈던 거예요.

14

일식과 월식은 어떻게 일어날까?

일식이나 월식 같은 우주 쇼는 일어날 때마다 뉴스에 보도될 정도로 많은 관심을 받아요. 이런 천문 현상들은 과연 어떻게, 얼마나 자주 일어나는 걸까요?

'까막 나라의 불개' 설화를 아시나요? 빛이 없는 나라의 불개가 해와 달을 물고 가서 빛을 밝히려는데, 해는 너무 뜨거워서 도중에 뱉고 달은 너무 차가워서 뱉는다는 이야기 말이에요. 일식과 월식이 이래서 일어난다는 재미있는 이야기이지요. 하늘을 밝혀 주던 가장 중요한 두 천체인 태양과 달이 일식이나 월식이 발생하면 한 번씩 사라지곤 했으니, 옛날 사람들에게는 얼마나 신기하고 놀라운 일이었을까요. 불개 설화처럼 상상력을 발휘한 이야기를 만들기도 했지만 때로는 두려움도 정말 컸을 거예요. 특히 일식 현상은 거의 대부분 불길한 징조나 저주처럼 받아들여지곤 했습니다.

하지만 일식과 월식이 단순한 천문 현상임을 잘 알고 있는 지금은 일종의 '우주 쇼'로 즐기는 사람들이 많아졌어요. 일식과 월식은 태양과 태양을 공전하는 지구, 그리고 지구를 공전하는 달이 만들어 내는 그림자의 조화입니다. 태양 앞을 달이 가리면 일식이 되고, 태양 앞에 지구가 놓여서 달을 가리면 월식이 되는 거지요. 요즘은 지구와 달의 운동을 잘 이해하고 있기 때문에 일식과 월식이 언제 일어나는지도 정확하게 예측할 수 있습니다. 그래서 이런 현상이 일어나는 날이면 많은 사람이 관심을 갖고 하늘을 올려다보곤 하지요.

» 해를 품은 달, « 일식

일식 현상은 태양–달–지구 순으로 천체들이 나열되면서 달이 태양 빛을 가리는 현상입니다. 이렇게만 이야기하면 달이 그믐일 때마다 한 달에 한 번씩 일식이 일어나야 할 것 같지만 실제로 그렇지는 않답니다. 태양, 지구, 달이 모두 같은 평면 위에서 운동하고 있지는 않기 때문이에요. 달이 지구를 공전하는 궤도면은 지구가 태양을 공전하는 궤도면에서 약 5도 정도 기울어져 있습니다. 그래서 그믐이라고 해서 태양을 가리는 달의 그림자가 매번 지구에 떨어지지는 않습니다.

달이 태양 전체를 가리면 '개기 일식', 부분만 가리면 '부분 일식'이라고 불러요. 부분 일식은 달이 태양을 일부만 가리는 데다 햇빛이 워낙 강하기 때문에 태양 필터를 통하지 않고는 직접 관측이 어려운 경우가 많습니다. 하지만 개기 일식 때는 햇빛이 2~3분 동안 사라지고 그동안 햇빛에 가려 보이지 않던 태양의 대기나 낮 하늘에 떠 있었던 별들까지 나타나는 진풍경이 연출돼요. 운이 좋으면 태양 대기에서 일어나는 폭발 현상까지도 관측할 수 있어 천체 사진가들에게는 절대 놓칠 수 없는 큰 우주 쇼 중의 하나이지요. 최근에는 2017년 미국에서 볼 수 있었던 개기 일식이 가장 유명하게 보도되었습니다. 이때 촬영된 개기 일식 순간의 사진들이 사회관계망 서비스(SNS)를 통해 퍼지면서 많은 인기를 끌기도 했지요.

일식 현상 자체는 생각보다 그리 드물지 않게 일어납니다. 평균적으로 일 년에 두 번 정도는 나타나는 현상이에요. 하지만 우리에게 일식이 아주 드문 현상이라고 느껴지는 이유는 볼 수 있는 지역이 매우 한정적이기 때문입니다. 지구의 4분의 1 크기인 달이 햇빛을 가리면서 만드는 그림자 영역에 들어오는 곳에서만 일식이 관측되기 때문이지요. 그림자 영역에 들어오는 지역에서도 대부분은 부분 일식으로 관측되고, 개기 일식을 볼 수 있는 곳은 더 제한적이에요. 그러다 보니 개기 일식과 같은 현상을 직접 두 눈으로 마주하는 건 행운이 겹겹이 따라 줘야 가능한 일입니다. 한반도에서 볼 수 있는 개기 일식은 12년 후인 2035년에 있을 예정이라고 하니, 기대해 볼 만하겠죠?

》달을 품은 지구,《 월식

월식 현상은 반대로 태양-지구-달 순서로 배열되었을 때 지구의 그림자가 달을 가리는 현상입니다. 달이 보름달일 때만 나타나는 현상이지요. 일식과 마찬가지로 보름이라고 항상 월식이 일어나는 것은 아니고, 달이 보름 위치에서 지구 그림자 안에 들어올 때만 나타나는 현상입니다. 둥근 지구의 그림자가 달을 서서히 가리기 때문에 월식 현상은 그 자체로 지구가 둥글다는 증거가 되기도 했어요.

월식 현상도 일식 현상과 빈도는 비슷하지만, 훨씬 자주 볼

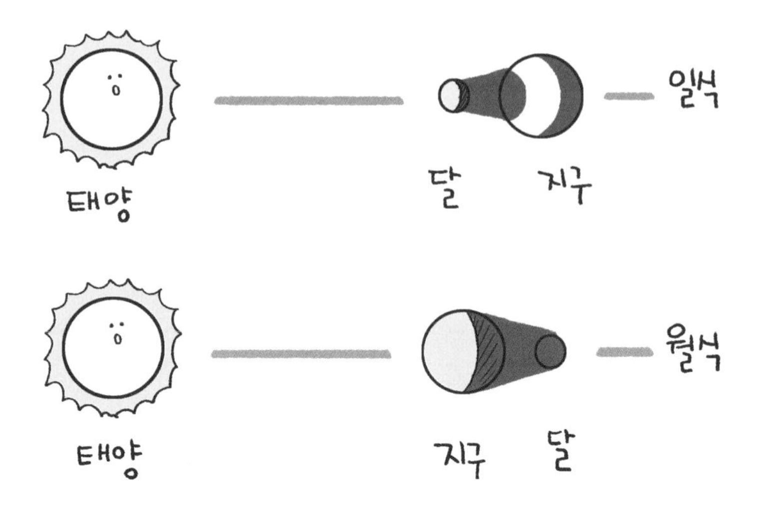

수 있습니다. 왜냐하면 일식과는 달리 그림자를 만드는 천체인 지구 위에 우리가 서 있기 때문에, 월식 날에 달이 뜨기만 하면 모두 월식 현상을 볼 수 있습니다. 지구가 달을 가릴 때 밤인 지구의 절반 지역은 월식을 경험할 수 있지요. 우리나라에서도 꽤 자주 볼 수 있습니다. 2021년 5월, 2022년 11월에도 개기 월식이 일어나 많은 사람이 사진을 찍고 공유하며 월식 날을 즐겼지요.

지구 그림자가 달의 일부만 가리면 부분 월식, 전체를 가리면 개기 월식이 일어납니다. 부분 월식은 달이 그림자에 서서히 먹히는 듯한 모습을 연출하며 진행됩니다. 지구 그림자가 달 전체를 가리면 개기 월식이 되는데, 개기 월식 때는 부분 월식과는 또 다른 모습을 볼 수 있어요. 바로 '붉은 달'이지요. 개기 월식은 지구 그림자 안에 달이 쏙 들어오는 때이기 때문에 달이 아예 보이지 않아야 할 것 같지만, 실제로는 달이 어둡고 붉은색으로 물들어 보입니다. 이는 지구 그림자 속이라고 해서 빛이 아예 안 들어오는 것이 아니기 때문입니다. 분명 햇빛을 지구가 가리긴 했지만, 햇빛의 일부는 지구 대기와 충돌하며 흩어지고 꺾이는 과정을 겪습니다. 이 과정에서 빛은 파장에 따라 나뉘는데, 주로 파장이 짧은 빛은 더 잘 흩어지는 경향이 있어요. 그러니 파장이 짧은 푸른 빛은 공중에서 먼저 흩어지고, 남은 붉은 빛은 지구 대기를 통과하며 일부가 꺾여서 지구 그림자 속을 통과해 달에 도달하게 되는 거지요. 달이 붉게 보이는 것은 이 어두운 붉은 빛을 반사하기 때문이랍니다.

그래서 개기 월식 날이 되면 천체 사진가들이 달의 일주 운동 사진을 많이 찍어요. 월식이 진행되면서 조금씩 지구 그림자에 먹혀 들어가는 부분 월식, 붉은 달이 나타나는 개기 월식, 이후에 다시 그림자 속을 천천히 빠져나오는 달까지, 그 변화를 한눈에 볼 수 있는 재미있는 사진이기 때문이지요. 월식 현상이 있을 때 이런 점을 알고 보면 더욱 알차게 우주 쇼를 즐길 수 있을 거예요.

15

별똥별은 왜 떨어질까?

멋진 천체 사진 하면 빠지지 않는 별똥별 사진을 본 적이 있나요? 밤하늘을 가로질러 빛나는 모습이 정말 아름답지요. 박혀 있는 것처럼 보이는 별빛에 비해 별똥별은 꽤 역동적인 매력이 있어요. 별똥별은 과연 어떤 천문 현상일까요?

별똥별이 떨어질 때 하늘에 소원을 빌면 이뤄진다는 이야기를 들어 본 적 있죠? 언제부터 있었던 이야기인지는 모르겠지만, 그만큼 하늘에서 떨어지는 별똥별을 직접 만나는 건 흔한 일이 아니어서 더욱 낭만적으로 느껴지는 것 같아요. 더구나 도시 불빛이 밤하늘을 많이 가리는 오늘날에는 더더욱 별똥별을 만나기가 어렵지요. 별똥별을 만나려면 별똥별이 많이 떨어진다고 예보된 날에 불빛이 드문 시골의 밤하늘을 찾아야 그나마 볼 확률이 높습니다. 보통 수 초 정도 빛나고 말기 때문에 눈을 크게 뜨고 찾아야 하죠. 이 정도로 어려운 일이라면 정말 어떤 소원을 빌어도 이루어질 정도의 행운을 이미 만난 것이 아닐까 싶네요.

》 지구의 중력에 끌려 온 《 유성

별똥별은 다른 말로 '유성(流星)'이라고 부릅니다. 흐르는 듯이 빛나는 천체라는 뜻이지요. 유성의 정체는 지구 공전 궤도 주변에 떠 있던 조그만 암석과 먼지들입니다. 달이나 행성들처럼 밝고 커다란 천체는 아니지만 이렇게 작은 천체들도 지구 주변을 꽤 많이 감싸고 있어요. 지구가 태양을 공전하면서 이런 암석 조각과 먼지에 가까워지면 이들은 지구의 중력에 이끌려서 지구 표면으로 떨어지기 시작합니다. 땅으로 떨어지는 유성은 지구 대기를 지나면서 뜨거워지고 밝게 빛을 내게 돼요. 유성이 빠른 속도로 낙하하면서 순간적으로 대기를 압축시키고, 그 압축된 공기가 가열되면서 빛과 열을 내는 것이지요. 이게 우리 눈에는 짧게 빛나는 별똥별로 보이는 거예요.

대부분의 별똥별은 수 초 정도 빛을 내며 타 버리기 때문에 지면에 도달하지 못합니다. 하지만 상대적으로 크기가 큰 암석이 떨어질 경우 미처 다 타지 못하고 지면에 충돌하는 경우도 있어요. 이렇게 땅으로 떨어진 유성을 '운석'이라고 부릅니다. 운석 주변에는 충돌 때의 충격으로 생긴 구덩이인 '충돌구'도 함께 보이는 경우가 많지요. 운석은 지구 주변의 암석 소천체들의 성질을 연구하는 데 매우 중요한 표본이 돼요. 직접 우주로 탐사선을 띄워 보내 채취한 표본이 아니라 스스로 지구로 떨어진 자연 표본인 셈이지요. 운석의 가치가 높게 평가받는 이유도 바로 여기에 있답니다.

» 별똥별이 비처럼 쏟아진다, « 유성우

유성이 떨어지는 원리를 알고 나면 유성이 꼭 밤에만 떨어지라는 법은 없다는 걸 알 수 있을 거예요. 바꿔 말하면 낮에도 많이 떨어지고 있다는 이야기지요. 햇빛이 워낙 강해서 눈으로 볼 수 없을 뿐이에요. 유성은 항상 지구를 향해 어느 정도 떨어지고 있어요. 하지만 일 년 중 특정 기간에는 유성이 한꺼번에 많이 쏟아집니다. 이때는 유성이 비처럼 쏟아진다고 하여 '유성우(流星雨)'라고 하지요.

유성우는 지구 공전 궤도 근처를 지나간 다른 소행성이나 혜성들로 인해 생겨납니다. 행성보다 덩치가 작은 소행성이나 혜성은 태양 주위를 공전하면서 조그만 암석이나 먼지를 흩뿌리고 지나가는 경향이 있어요. 특히 혜성처럼 꼬리가 있는 천체가 더욱 그렇습니다. 꼬리를 통해 불려 나가는 작은 얼음이나 먼지 등이 마치 혜성의 흔적이라도 표시하는 것처럼 공전 궤도에 뿌려지는 거죠. 그런데 지구가 공전하면서 이 흔적을 지나가는 때가 있어요. 그러면 그때 소행성이나 혜성이 뿌리고 간 물체들이 한꺼번에 지구로 떨어지면서 유성이 비처럼 쏟아지는 거지요.

이렇게 유성우가 생기는 구간은 어느 정도 위치가 정해져 있고 지구와 만나는 때도 일정하기 때문에 유성우 기간은 매년 비슷한 시기에 나타납니다. 그래서 각 유성우에 이름을 붙여서 부르기도 하지요. 주로 유성들이 떨어질 때 보이는 별자리를 기준으로 이름을 붙입니다. 8월 중순의 페르세우스자리 유성우, 11월 중순의 사자자리 유성우, 그리고 12월 중순쯤 보이는 쌍둥이자리 유성우 등이 유명해요. 물론 유성우도 해마다 편차가 있어서, 어떤 때는 몇 개 안 보이기도 하지만 또 어떤 때는 그야말로 한꺼번에 쏟아지는 장관을 만날 수도 있습니다. 유성우 기간을 잘 기억해 뒀다가, 그해 유성이 많이 떨어질 거라는 예보가 있다면 한 번 별똥별의 낭만에 도전해 볼 만하지 않을까요?

16

요일의 이름은 어디서 왔을까?

우리 일상에서 하루, 한 달, 1년 말고도 또 중요한 시간 단위가 '일주일'이에요. 7일로 구성되어 우리의 일과 휴식을 결정짓는 일주일의 이름은 어디서 왔을까요?

월 화 수 목 금 토 일, 쳇바퀴처럼 돌아가는 삶! 주말에 가까워질수록 행복해지다가도 월요일이 되면 다시 불행해지는 건 현대인의 숙명인가 봐요. 일곱 개의 요일로 구성된 일주일이라는 개념은 일의 진행도나 휴가 일정 등을 계획할 때 유용하면서도, 끊임없이 반복되어 우리 일상을 지겹게 만드는 굴레가 되기도 합니다. 그만큼 우리에게 아주 중요한 시간 단위이지요.

사실 일주일 그 자체는 특정 천체의 운동 주기와는 관련이 없습니다. 1일은 지구의 자전 주기, 한 달은 달의 공전 주기, 1년은 지구의 공전 주기이지만, 7일은 어떤 천체의 운동을 기준으로 삼은 것이 아니라 단순히 하루를 7개씩 묶어서 각 날짜마다 이름을 붙여 준 체계일 뿐이에요. 그런데 일주일의 요일에 붙여 준 이름들은 우리의 이웃 천체들과 관련이 있답니다.

》 맨눈으로 보이는 《
다섯 개의 '떠돌이별'

일주일의 이름은 고대부터 인류가 가장 중요하게 생각했던 천체들에서 따왔어요. 일(日)요일과 월(月)요일은 각각 태양과 달의 이름에서 따왔지요. 나머지 요일들의 이름은 지구와 함께 태양을 공전하는 다섯 개의 천체에서 왔습니다. 바로 수성, 금성, 화성, 목성, 토성이지요. 이 다섯 개의 천체는 밤하늘에서 맨눈으로 볼 수 있었기 때문에, 인류가 밤하늘을 올려다보던 시기부터 그 존재가 알려져 있었습니다. 밤하늘을 무수히 많이 메운 별빛들 사이를 움직이는 것처럼 보였기 때문에 '떠돌이별', 즉 '행성'으로 불렸지요.

별과 행성은 뚜렷한 차이를 보여요. 스스로 빛을 내는 별들은 보통 지구에서 아주 멀리 있고 위치가 고정된 것처럼 보여서 '붙박이별'이라고 부르기도 합니다. 날마다 보이는 붙박이별들이 조금씩 다르긴 하지만, 그건 지구가 움직이기 때문이지요. 그래서 계절마다 보이는 별자리들이 어느 정도 정해져 있는 거예요. 하지만 행성은 다릅니다. 행성도 붙박이별이라면 어떤 계절에는 금성이 관측되고 어떤 계절에는 목성이 보이는지가 1년 주기로 정해져 있어야 하는데 그렇지 않으니까요. 그 이유는 행성은 붙박이별과는 다르게 스스로 움직이기 때문이라고밖에 설명할 수가 없습니다.

특히 화성이나 목성, 토성 등의 행성들은 가끔 이동하던 방향을 반대로 바꿔 역행하는 경우도 있어요. 매일 밤하늘을 관측하다 보면 별자리를 배경으로 행성들의 위치가 조금씩 바뀌는 모습을 관찰할 수 있습니다. 이는 행성이 태양을 공전하는 운동을 하기 때문이에요. 멀리 있는 별들의 위치를 기준으로 했을 때, 행성들은 보통 서쪽에서 동쪽으로 (반시계 방향) 이동하는 모습을 보입니

일주일이 7일인 것은 하루나 한 달, 한 해의 개념과는 달리 딱히 과학적인 이유가 없습니다. 단지 해와 달, 그리고 맨눈으로 보이는 다섯 개의 태양계 행성들을 포함해 일곱 개의 천체들이 가장 중요했기 때문에 그렇게 정한 것으로 추정돼요. 고대 사람들이 그렇게 7일을 한 주기로 묶어서 생활하던 것이 여러 문명권으로 퍼지면서 지금까지 전해 내려오는 거라 볼 수 있겠지요.

다. 그런데 화성, 목성, 토성은 서쪽에서 동쪽으로 이동하는 듯하다가 방향을 바꾸어 동쪽에서 서쪽으로 이동하다가 일정 기간 뒤에는 다시 서쪽으로 이동하는 등 아주 현란한 행보를 보여 줄 때가 있지요.

그러니 옛날 사람들에게는 스스로 움직이는 다섯 개의 행성들이 태양, 달과 함께 특별한 천체로 취급되었던 거예요. 고대에는 이 행성들이 태양이 아닌 지구를 중심으로 돈다고 생각하여 행성의 운동을 설명하는 여러 이론들이 나오기도 했습니다. 천체 망원경이 발명되기 전에는 행성들이 태양을 중심으로 돈다는 사실을 완전히 증명하기가 어려웠으니까요. 그러나 어쨌든 행성의 운동 자체는 설명할 수 있을 정도로 천문학 체계가 만들어졌어요. 행성의 운동이 천문학자들에게 꽤 큰 관심을 받았던 핵심 연구 분야였다는 뜻이지요. 그만큼 중요했던 행성들은 태양과 달과 함께 일곱 날짜를 묶는 철학적 개념으로 활용되어 일주일을 탄생시켰어요. 이 일주일이 널리 퍼지며 인류 사회가 생활하는 주기가 되었고, 오늘날까지 활용되고 있는 것이지요.

17

태양이 '우주 날씨'에 영향을 미친다고?

매일 외출하기 전에 일기 예보를 확인하는 건 필수 사항이죠. 그런데 지구 대기권을 벗어난 우주에도 날씨가 존재한다는 사실을 알고 있나요? 우주 날씨는 태양과 어떤 관련이 있을까요?

2023년 5월, 우리나라에서는 누리호 3차 발사가 있었어요. 3차 발사의 가장 큰 특징은 시험용 위성이 아닌 실제로 사용할 소형 위성을 발사체에 실어 보냈다는 점이었습니다. 누리호에는 여러 위성이 탑재되었는데, 그중 한국천문연구원에서 개발한 '도요샛'이 큰 관심을 받았지요. 4개의 초소형 위성(큐브 위성)으로 구성된 도요샛은 마치 전투기들처럼 대형을 갖추어 비행하면서 '우주 날씨'를 관측하는 임무를 맡았습니다. 비록 4개의 큐브 위성 중 하나인 '다솔'에 문제가 생겨 3개만 정상 궤도에 올랐지만, 우리가 쏘아 올린 위성이 우주 날씨 관측에 중요한 역할을 할 수 있으리란 기대를 품을 수 있었지요. 더불어 우주 날씨 관측은 누리호와 같은 대형 프로젝트에서 큰 관심을 가질 만큼 중요한 연구라는 점도 보여 주었어요.

》 태양 활동과 《 우주 날씨

우주 날씨는 지구 대기 밖에서 나타나는 상태나 환경의 변화입니다. 우주는 그저 고요한 줄 알았는데, 무슨 상태의 변화가 있냐고요? 지구 주변에서 그런 변화를 일으킬 만한 천체가 하나 있습니다. 바로 태양이에요. 태양은 얌전히 햇빛만 비춰 주는 별이 아니기 때문이에요. 지구 날씨가 지구 대기의 상태에 따라 변한다면, 우주 날씨는 태양 활동의 정도에 따라 변합니다.

약 6000도의 뜨거운 표면을 가지고 있는 태양은 빛과 함께 엄청난 양의 고에너지 입자들을 끊임없이 내뿜습니다. 태양 망원경으로 촬영한 태양 사진을 들여다보면 가끔 태양 표면에 커다란 고리 모양의 구조가 보여요. 이러한 고리 구조는 태양 표면에서 물질과 에너지가 태양의 대기로 한꺼번에 솟구쳐 오르는 '플레어' 폭발 현상으로 인해 나타난답니다. 플레어로 인해 방출된 고에너지 입자들은 우주 공간으로 퍼져 나가 지구까지 도달하기도 합니다. 이를 태양에서 불어오는 바람과도 같다고 하여 '태양풍'이라고 불러요. 태양풍의 세기는 플레어 현상이 얼마나 자주, 강하게 일어나느냐에 따라 달라지는데, 약 11년을 주기로 강해졌다 약해졌다를 반복해요. 그러니 태양 활동이 활발해지면 태양풍 입자들도 덩달아 많이 불어오는 거지요.

태양풍 입자들은 태양에서 받은 강한 에너지를 싣고 오기 때문에 생명체에 매우 위험해요. 고에너지의 입자들은 세포 구조를 파괴할 수 있기 때문이지요. 우리가 방사선 피폭이 위험하다고 하는 이유와 비슷합니다. 다행히도 지구는 대기와 자기장이라는 보호막을 걸치고 있습니다. 지구 대기는 자외선과 같은 고에너지의 빛을 흡수해 주고, 지구 자기장은 전기적 성질을 띤 태양풍 입자들을 막아 주기 때문이에요. 덕분에 지상에서는 우주 날씨를 크게 체감하지 못합니다. 하지만 우주로 나갔을 때는 우주 날씨를 무시하면 위험할 수 있어요. 그래서 태양 활동의 정도에 따른 태양풍의 세기 변화에 항상 관심을 가져야 하지요.

》더 이상 우리와 무관하지 않은《 우주 날씨

오늘날에는 우주 날씨가 더 이상 우주로 나갔을 때만 중요한 것이 아니게 되었어요. 인류가 정보화 시대에 접어들기 전에는 태양 활동이나 우주 날씨에 직접적인 영향을 받을 일이 별로 없었지만, 지금은 다릅니다.

태양풍 입자는 전기적 성질을 띠고 있어서 온갖 전자 기기와 전파 통신 등이 이루어지는 인류 문명에 큰 영향을 줄 수밖에 없어요. 태양풍의 흐름 자체가 곧 전류가 흐르는 것과 마찬가지라서, 태양풍이 강해지면 과전류로 전자 기기의 회로나 송전망이 망가지기도 합니다. 그러면 통신 기기들의 기능이 마비되면서 일시적으로 통신이 끊어지거나 전력 공급이 중단돼 정전이 발생하곤 하지요. 물에 비유하자면 물의 흐름을 일정하게 유지하고 관리하기 위해 댐, 제방, 수로 등을 지어 놨는데, 여기에 예상치 못한 양의 집중 호우가 들이부으면 물이 넘치면서 흐름을 제어할 수 없게 되는 것과 같아요. 결국 치수 시설들은 제 기능을 하지 못하고 홍수가 발생하는 거지요. 그래서 지구 날씨 예측이 중요하듯이 우주 날씨도 예측과 대비가 필요합니다.

실제로 1989년 캐나다 퀘벡주에서는 태양풍 입자들이 너무 많이 들어와 송전 시설을 망가뜨리는 바람에 서울 시민의 절반에 해당하는 많은 사람이 정전 사태를 겪었던 적이 있었습니다. 작년에는 미국의 스페이스엑스가 쏘아 올린 수십 개의 스타링크 위성들이 강력한 태양풍으로 인해 전자 장비에 오작동이 일어나 추락하는 사태도 있었어요. 그뿐만 아니라 고위도 지역을 비행하는 여객기의 승무원이나 승객들은 태양풍이 강해지면 직접 방사선에 피폭되어 백혈병을 앓을 확률이 높아지기도 합니다. 앞으로 점점 더 전기 공급이 중요해지고 다양한 전자 장비들이 우리 삶을 지탱해 줄 텐데, 태양풍의 변화와 우주 날씨를 감시하는 일이 더욱 중요해질 것 같아요.

4장

태양계와 우주 탐사

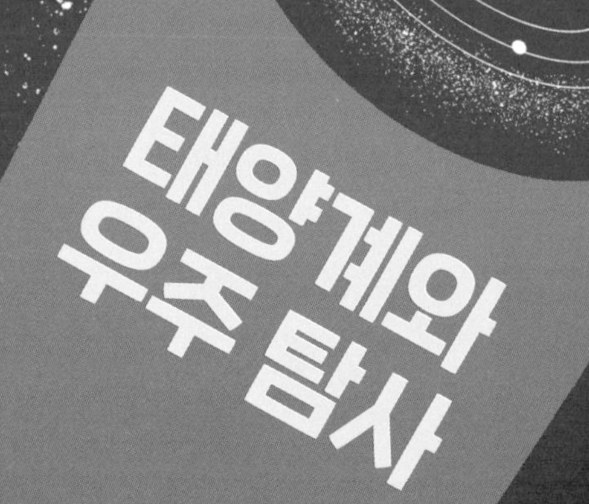

18

태양계는 어떻게 구성돼 있을까?

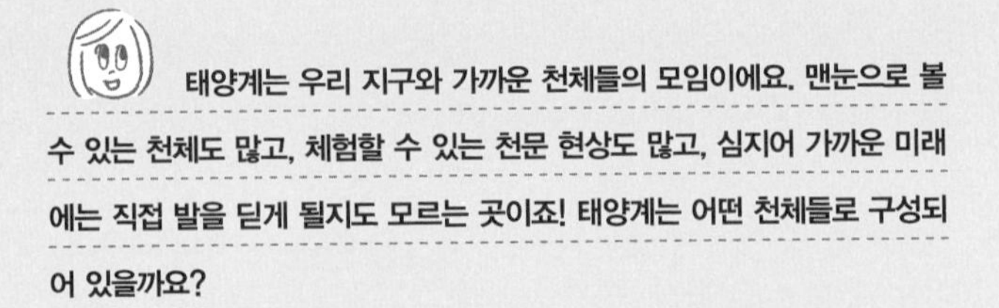

태양계는 우리 지구와 가까운 천체들의 모임이에요. 맨눈으로 볼 수 있는 천체도 많고, 체험할 수 있는 천문 현상도 많고, 심지어 가까운 미래에는 직접 발을 딛게 될지도 모르는 곳이죠! 태양계는 어떤 천체들로 구성되어 있을까요?

우주의 천체들은 중력으로 묶여서 움직입니다. 스스로 빛을 내는 별은 엄청난 양의 물질이 뭉쳐서 만들어지기 때문에 덩치가 크고 주변 천체들을 끌어당기는 중력이 강하지요. 그래서 별 주위로 여러 작은 천체들이 공전 운동을 하게 됩니다. 별을 중심으로 하는 천체들의 모임이 생기는 거지요. 이를 '행성계'라고 하는데, 태양을 중심으로 만들어진 행성계를 '태양계'라고 불러요. 태양의 중력에 이끌려 일정한 궤도로 운동하고 있는 천체들의 모임이지요. 지구 또한 태양계의 일원이기 때문에 태양계 천체들은 모두 우리의 이웃이라고 볼 수 있어요.

》 큼지막한 행성들, 《
행성이 거느린 위성들

태양을 중심으로 도는 가장 대표적인 천체들로 태양계 행성들이 있습니다. 저는 어렸을 적에 '아빠와 크레파스'라는 동요의 노랫말을 가지고 '수금지화목토천해명~ 음음~'(이후 명왕성은 행성에서 제외됨) 하고 행성의 순서를 외웠던 기억이 있어요. 그만큼 태양계에서 행성은 중요한 천체들이기 때문이지요.

현재 태양계에는 수성, 금성, 지구, 화성, 목성, 토성, 천왕성, 해왕성 총 8개의 행성이 있습니다. 행성은 태양계가 처음 생겨날 때 수많은 작은 암석 조각과 먼지 덩이가 서로 충돌하고 뭉치면서 만들어진 커다란 천체예요. 모두 수천 킬로미터 이상의 크기를 지니고 있지요. 가장 작은 수성의 지름도 약 4,900킬로미터(지구 크기의 약 3분의 1)이고, 가장 큰 목성의 지름은 약 14만 킬로미터(지구 크기의 약 11배)에 달해요.

태양계 행성은 여러 범주로 분류할 수 있어요. 먼저 지구처럼 표면이 밀도가 높은 암석으로 된 행성을 '지구형 행성' 또는 '암석형 행성'이라고 합니다. 태양과 비교적 가까이 위치하는 수성, 금성, 지구, 화성이 암석형 행성에 해당합니다. 그보다 멀리 있는 목성, 토성, 천왕성, 해왕성은 크기가 훨씬 거대하고 밀도가 낮은 가스로 이루어져 있어 표면이 잘 정의되지 않는 행성이에요. 이를 '목성형 행성' 또는 '가스형 행성'이라고 부르지요. 목성형 행성 중에서도 천왕성과 해왕성은 목성, 토성보다 무거운 원소들을 좀 더 많이 포함하고 있습니다. 그래서 천왕성, 해왕성을 '거대 얼음 행성'으로 따로 분류하기도 해요. 물론 여기서의 얼음은 우리가 생각하는 물 얼음과는 전혀 관련이 없습니다.

행성은 궤도 주변의 천체들보다 중력이 훨씬 강합니다. 그렇기 때문에 각자의 공전 궤도에서만큼은 충분히 골목대장 노릇을 할 수 있는 천체들이에요. 그래서 행성을 중심으로 공전을 하는 위성을 거느리기도 합니다. 지구는 달이라는 위성이 한 달에 한 번씩 공전 운동을 하고 있지요. 화성은 포보스와 데이모스라는 조그만 위성 두 개를 지니고 있어요. 그리고 목성형 행성들은 거대하고 중력이 강한 만큼 위성을 수십 개 이상 거느리고 있답니다. 이러한 위성들은 태양계 형성 초기에 행성의 중력에 붙들려서 위성이 되었거나, 행성과 다른 천체가 충돌하면서 나온 잔해 조각이 모여서 만들어지기도 해요. 특히 지구의 위성인 달은 약 45억 년 전, 지구에 화성만 한 크기의 커다란 천체가 부딪히면서 만들어졌다는 가설이 유력합니다.

》 소행성, 혜성, 《 그리고 왜소행성

행성과 위성뿐만 아니라 태양계는 조그만 천체들로 가득 차 있는 곳이에요. 행성처럼 강한 중력을 지니지 못한 천체들이지요. 이러한 소천체들에도 다양한 갈래가 있습니다.

행성보다 작은 암석형 천체들을 '소행성'이라고 해요. 작은 돌멩이만 한 천체부터 크게는 지름 수백 킬로미터에 달하는 천체까지 크기는 천차만별입니다. 태양계에서 소행성은 주로 화성과 목성 사이에 빼곡하게 분포하고 있는데, 이 지역을 '소행성대'라고 부릅니다. 대략 백만 개 이상의 소행성들이 이 소행성대에 분포하고 있으리라 짐작돼요. 소행성대 이외에도 행성의 중력에 이끌려 행성의 공전 궤도를 따라 분포하기도 합니다.

혜성도 소행성과 마찬가지로 조그만 천체인데, 증발하기 쉬운 얼음이나 먼지로 이루어졌습니다. 태양 가까이 오면 빛과 열에 의해 얼음과 먼지가 날아가면서 태양 반대편으로 꼬리가 생겨나요. 그래서 혜성은 주기적으로 멋진 꼬리를 보여 주며 태양계를 가로지르지요. 혜성은 공전 궤도가 길쭉한 것이 특징입니다. 가까이에서는 공전 주기가 200년 이하인 '단주기 혜성'이 있고, 멀리서는 아예 명왕성 궤도 너머에서 오는 '장주기 혜성'이 있습니다. 18세기에 에드먼드 핼리라는 천문학자가 76년에 한 번씩 돌아오는 '핼리 혜성'의 출현을 예측한 사실은 잘 알려져 있지요. 핼리 혜성은 단주기 혜성의 일종이라고 볼 수 있겠죠?

'왜소행성'은 태양계 천체를 분류하는 과정에서 가장 최근에 정의된 천체들이에요. 쉽게 말하면 행성이라 하기에는 너무 작고 소행성으로 분류하기에는 너무 큰, 중간 단계의 천체들입니다. 가장 대표적인 예로 명왕성이 있어요. 한때 태양계의 아홉 번째 행성으로 분류되었지만 여러 논란 끝에 현재는 왜소행성으로 재분류되었습니다. 이와 비슷하게 현재 태양계에서 공식적으로 정의된 왜소행성은 총 5개예요. 명왕성과 함께, 명왕성 궤도 근처에 있는 '에리스', '하우메아', '마케마케'라는 천체들, 그리고 소행성대에 있지만 다른 소행성들에 비해 크기가 너무 큰 '세레스'가 왜소행성으로 분류되어 있습니다. 태양계에는 아직 발견되지 못했거나 공식적으로 분류되지 않은 왜소행성이 수백 개는 넘을 거라 예상돼요.

» 태양계 외곽부, «
카이퍼 벨트와 오르트 구름

태양이 중력을 미치는 범위는 생각보다 꽤 넓습니다. 해왕성 궤도 근처에는 소행성대와 비슷하게 띠 모양으로 천체들이 분포하고 있는데, 이를 '카이퍼 벨트'라고 부릅니다. 명왕성이 행성이라고

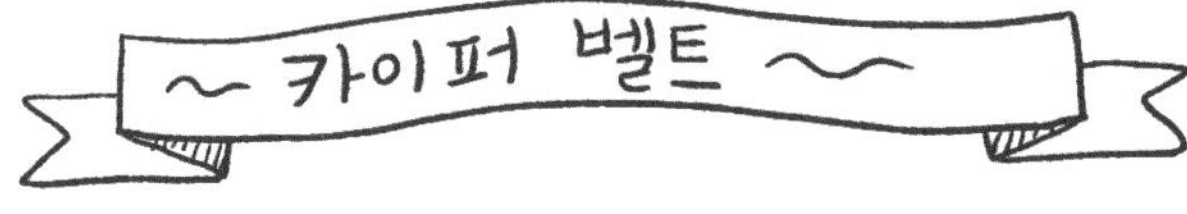

부르기에 애매했던 이유도 이 카이퍼 벨트에서 명왕성과 비슷한 천체들이 많이 발견되었기 때문이에요. 지구에서는 멀고 어두운 곳이라 아직도 발견하지 못한 미지의 천체들이 많을 것이라 예상됩니다. 2006년에 발사된 미국 항공 우주국의 우주 탐사선 뉴호라이즌스호는 명왕성과 함께 카이퍼 벨트의 천체들을 근접 탐사하며 많은 사진을 보내오기도 했지요.

카이퍼 벨트를 넘어서 훨씬 더 먼 최외곽에는 '오르트 구름'이라는 작은 천체들의 모임이 있을 거라 예상됩니다. 오르트 구름

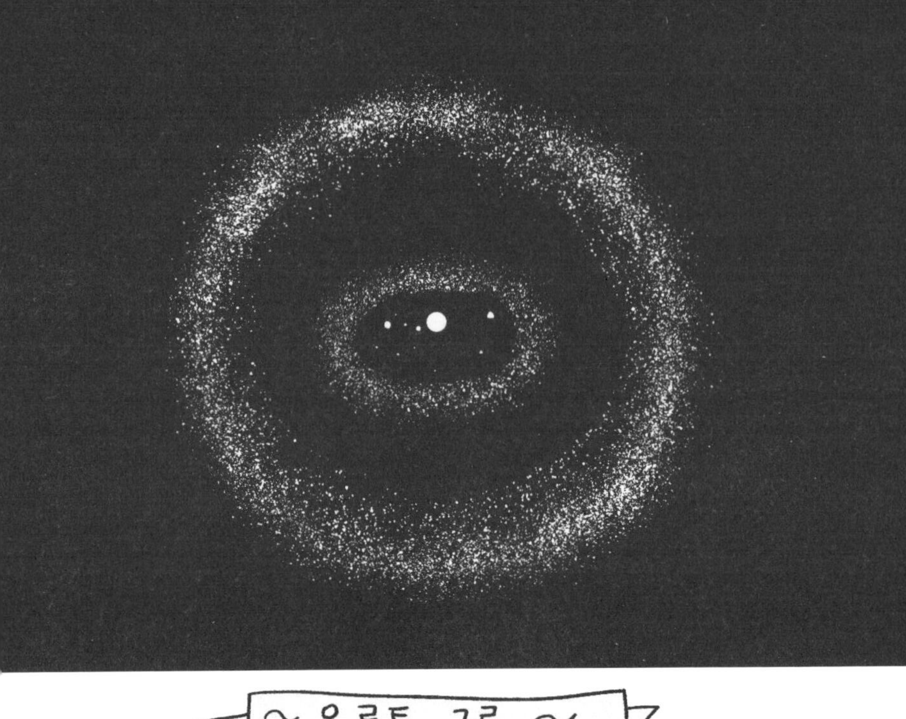

~ 오르트 구름 ~

은 그 존재가 예상되기만 할 뿐, 너무 멀어서 아직 관측 증거는 없는 상황이에요. 다만 태양계의 범위를 카이퍼 벨트까지만 한정한다면, 공전 주기가 수천 년에 달하는 장주기 혜성들이 어디서 오는지 설명할 수 없기 때문에 나온 가상의 천체 모임이라고 볼 수 있습니다. 관측 자료를 모아 장주기 혜성들의 공전 궤도를 예측해 본 결과, 오르트 구름과 같은 소천체 집단이 확실히 존재한다고 예상하는 것이지요. 이렇게 먼 거리에서 조그마한 천체들을 발견하기란 어려운 일이지만, 보이지 않는 곳에서도 태양과 함께하는 천체의 무리가 있는 셈이에요.

태양계는 이렇게 태양을 중심으로 행성과 위성, 그리고 여러 종류의 소천체들이 어우러져 살아가는 모임입니다.

19

한밤중에 수성을 볼 수 없는 이유는?

태양에서 가장 가까운 행성인 수성은 워낙 신출귀몰해서 밤하늘에서 만나기 힘든 천체입니다. 수성은 어떤 특징을 지니고 있을까요?

태양계 첫 번째 행성인 수성은 크기나 질량으로 봤을 때 태양계 행성 중 막내라고 볼 수 있습니다. 크기는 지구의 3분의 1, 질량은 지구의 5퍼센트밖에 되지 않지요. 여러모로 달이 연상되는 천체이기도 합니다. 크기도 비슷한 데다 어두운 색깔의 표면과 곳곳에 보이는 운석 충돌구들은 달의 모습과 판박이에요. 그래서 밤하늘에서도 달처럼 자주 만날 수 있으면 좋으련만, 아쉽게도 수성은 맨눈으로 볼 수 있긴 하지만 만나기가 꽤 어려운 천체랍니다.

» 태양과 « 가장 가까운 내행성

우리는 지구에 살면서 하늘을 관측합니다. 그래서 태양계의 행성을 지구의 공전 궤도를 기준으로 나누기도 해요. 지구의 공전 궤도 안쪽에서 태양을 공전하면 '내(內)행성', 바깥에서 공전하면 '외(外)행성'이라고 부릅니다. 내행성에는 수성과 금성이 있고, 외행성은 내행성과 지구를 제외한 나머지 모두가 해당되지요.

내행성은 지구에서 봤을 때 태양과 가까이 붙어서 움직이려고 하는 것처럼 보입니다. 반면 외행성은 지구 공전 궤도 바깥을 돌고 있으니 비교적 자유롭게 움직이는 것처럼 보이지요. 그래서 내행성은 해가 뜰 때는 비슷한 시간에 뜨고, 해가 질 무렵에도 따라서 집니다. 그러니 수성이나 금성은 밤하늘에서 볼 수 있는 시간 자체가 그리 길지 않아요. 반면 화성, 목성, 토성 같은 외행성들은 깊은 밤 자정 가까운 시각에 떠 있는 것도 볼 수 있습니다.

수성은 태양과 가장 가까이에서 공전하는 행성입니다. 내행성 중에서도 가장 안쪽 궤도를 돌고 있어요. 그래서 금성보다도 훨씬 더 빨리 밤하늘에서 사라지는 모습을 보여 줍니다. 수성은 해가 지고 난 다음 서쪽 하늘이나 동이 틀 무렵 동쪽 하늘에서 최대 2시간 정도밖에 볼 수 없어요. 그래서 저녁에는 노을빛이 채 사라지기도 전에 얼른 보러 나가야 만날 수 있습니다. 게다가 수성은 태양과 가까운 만큼 공전 속도도 빨라서, 어떤 날에는 저녁 서쪽 하늘에서 보이다가도 금세 새벽 동쪽 하늘로 자리를 옮기곤 한답니다. 그래서 로마 신화에서 신들의 메시지를 전하는 전령 '메르쿠리우스'의 이름을 따 수성의 영문 이름 '머큐리(Mercury)'가 지어지기도 했지요.

» 극단적인 온도 변화, « 까다로운 수성 탐사

수성은 달과 비슷하게 대기가 아주 희박합니다. 수성이 대기를 붙잡아 둘 정도로 강한 중력을 지니지 못한 데다, 가까운 곳에서 불어오는 태양풍이 대기를 우주 공간으로 쓸어 버렸기 때문이에요. 그러다 보니 해가 떠 있을 때는 430도까지 온도가 치솟다가도 해가 지면 영하 180도까지 내려가는 아주 극단적인 일교차를 보여 주지요. 수성의 자전 주기는 약 두 달 정도이니 이러한 낮과 밤이 한 달씩 존재한다고 보면 됩니다. 생명체가 살기에는 정말 가혹한 행성임이 틀림없어요.

태양과 너무 가까운 탓에 수성은 탐사하기도 정말 어렵습니다. 탐사선이 강한 태양 빛과 열을 견뎌 내야 하기 때문이지요. 게다가 공전 속도가 빠른 수성의 궤도에 진입하는 것도 쉽지 않습니다. 그래서 지금까지 수성에 갔던 탐사선은 NASA의 매리너 10호(1974년)와 메신저 탐사선(2011년) 둘 뿐이었습니다. 하지만 성과가 없었던 것은 아니에요. 메신저 탐사선은 수성의 궤도를 돌면서 극지방에 물 얼음이 존재한다는 증거를 찾아내기도 했지요. 이러한 연구 성과를 바탕으로 앞으로도 탐사 계획이 잡혀 있습니다. 유럽과 일본에서 추진한 베피콜롬보 탐사선은 2025년경에 수성에 도달하여 수성의 전체 지형 지도를 그릴 예정이에요. 극지방에 있는 물 분포도 더 자세히 연구해 볼 수 있지 않을까요?

20

금성이 밝게 빛나는 이유는?

금성은 아주 밝고 눈에 잘 띄어서 예로부터 우리와 친숙했던 천체입니다. 그런데 금성이 이렇게 밝게 빛나는 데는 슬픈 비밀이 숨어 있어요.

금성은 수성과 같은 내행성이지만 수성보다 훨씬 관측하기가 쉬운 행성입니다. 그래서 옛날부터 우리에게 가장 친근한 행성 중의 하나였어요. 금성은 태양과 달을 제외하고 하늘에서 가장 밝게 빛나는 천체입니다. 가끔 노을빛이 남아 있는 초저녁이나 동이 터오는 새벽에 이상하게 밝게 보이는 천체를 본 적이 있지 않나요? 별이 보이기에는 뭔가 애매한 시간인데 말이지요. 아마 십중팔구 금성일 거예요. 다른 별빛을 압도하며 초롱초롱 빛나는 모습이 꽤 예쁘지요. 그래서 서양에서는 금성에 미(美)의 여신 '비너스'의 이름을 붙였고, 우리나라에서는 '개밥바라기별(저녁 금성)', '샛별(새벽 금성)' 등의 예쁜 이름으로 불리기도 했어요.

» 두터운 대기, « 짙은 황산 구름

금성은 어째서 이렇게 아름답고 밝게 빛날 수 있을까요? 지구와 가까워서 그런 것도 있겠지만 더 중요한 다른 이유가 있어요. 우선 금성은 스스로 빛을 내지 못하는 행성이기 때문에 금성에서 오는 빛은 모두 태양 빛이 반사된 것입니다. 그러니 금성이 태양 빛을 반사하는 능력이 아주 뛰어나다는 뜻이지요.

금성이 태양 빛을 잘 반사할 수 있는 이유는 금성의 대기 때문입니다. 수성이 대기가 거의 없는 행성인 것과 달리, 금성은 대기가 아주 두텁습니다. 대기의 압력을 측정함으로써 대기가 얼마나 두터운지를 알 수 있는데, 지구의 대기압을 1기압이라고 했을 때 금성의 대기압은 90기압이 넘지요. 거의 수심 1,000미터인 물 속에서 느끼는 수압과 맞먹는 엄청난 압력이지요. 이 정도로 금성에는 대기의 양 자체가 매우 많아서 태양 빛을 반사해 주고 있어요. 특히 대기에 포함된 누렇고 짙은 황산 구름은 햇빛을 아주 잘 반사해서 금성이 밝게 보이도록 해 주지요.

» 태양계에서 « 가장 뜨거운 행성

이렇게 두터운 금성의 대기는 금성을 태양계에서 가장 뜨거운 행성으로 만들어 버립니다. 태양과 가장 가까운 행성은 수성이지만, 표면 온도는 오히려 금성이 더 높아요. 거의 470도에 달하는 열지옥이지요. 너무 높은 온도 때문에 금성 표면의 암석은 녹아서 흐를 정도이고 활발한 화산 활동으로 곳곳에서 황산 가스가 뿜어져 나옵니다. 이런 극단적인 환경에서 생명체는 당연히 살기 어렵고 탐사선조차 견디기 어려울 정도이지요.

금성이 이렇게 뜨거운 이유는 금성의 대기가 95퍼센트 이상 이산화 탄소로 이루어졌기 때문입니다. 지구 온난화의 주범으로 꼽히는 이산화 탄소는 대표적인 온실 기체예요. 태양을 통해 들어온 열이 밖으로 빠져나가지 못하도록 막는 역할을 하지요. 지구에서는 대기 중 이산화 탄소 비중이 산업화 이전 약 0.03퍼센트에서 현재 0.04퍼센트 정도로 늘어났는데도 심각한 기후 변화를 초래하고 있는데, 금성은 이런 온실 효과가 더욱 극단적으로 일어나면서 지금처럼 되어 버린 거예요.

사실 금성은 인류가 기대감을 품고 가장 먼저 탐사선을 보냈던 행성입니다. 밝게 빛나고, 우리와 가깝고, 크기나 질량 등도 비슷한 암석 행성이니 한때는 지구의 쌍둥이 행성으로 여겨지기도 했지요. 하지만 실제로는 엄청난 열과 압력 때문에 많은 탐사 계획이 실패로 돌아갈 정도로 혹독한 곳이었어요.

예를 들어 1960년대에 시작된 소련의 베네라 금성 탐사 계획은 1970년 베네라 7호가 금성 표면 착륙에 성공하기까지 계속된 실패를 겪었지요. 심지어 베네라 7호도 금성 표면에서 온도와 기압 등을 측정하다가 1시간도 버티지 못하고 교신이 끊기고 말았습니다. 그럼에도 탐사 계획은 몇 차례 더 추진되었고 나름의 성과도 있었지만, 지옥 같은 금성의 모습은 우리의 기대와는 너무나 달랐어요. 아마 당시 사람들도 실망감과 당혹감을 감추지 못했을 것 같아요. 금성이 아름다운 빛 속에 감춰 둔 슬픈 비밀이 아닐 수가 없어요. 더불어 지구 온난화에 따른 기후 재난이 점점 심해지는 지구에도 경종을 울려 주는 천체가 아닐까 싶습니다.

21

인류는 화성으로 이주할 수 있을까?

화성은 태양계에서 인류가 가장 많이 탐사한 행성이자 앞으로는 이주할 계획도 가지고 있는 곳입니다. 극단적인 환경을 지니고 있는 수성, 금성과는 달리 화성이 이렇게 희망의 행성이 된 이유는 무엇일까요?

2023년 4월, 민간 우주 기업 스페이스엑스에서는 달과 화성을 탐사할 우주선 '스타십'을 시험 발사했습니다. 비록 비행 중에 폭발하면서 목표 달성에는 실패했지만 문제점을 보완해 앞으로도 계속 도전을 이어 나갈 예정이라고 하죠. 10년 안에 화성에 사람을 보내겠다는 야심 찬 프로젝트를 추진 중인 만큼 그 핵심 요소인 스타십 개발 또한 계속 진행될 전망입니다. 만약 목표대로 순조롭게 진행된다면 인류는 새로운 생존의 돌파구를 찾을 수 있게 될 거예요. 정말로 현실이 될지는 아직 모르지만, 화성은 적어도 인류에게 지구를 벗어나서 사는 꿈이라도 꿀 수 있게 해 주는 천체입니다.

》 붉은 행성 속 《
다채로운 모습

인류가 왜 이렇게 화성을 열심히 탐사하고 이주까지 하려는지 알려면 먼저 화성이 어떤 천체인지부터 이야기해야겠지요. 화성은 지구 궤도 밖을 도는 외행성이자 지구 크기의 절반 정도 되는 암석 행성입니다. 외행성이다 보니 한밤중에도 화성을 볼 수 있는데, 가만히 보면 살짝 붉은빛을 띠고 있다는 사실을 알 수 있어요. 특히 화성이 지구와 가까워지는 시기에는 붉은빛이 꽤 선명해 보이기도 합니다. 고대 사람들은 붉은 화성을 보고 핏빛을 떠올려서 전쟁의 신인 '마르스(Mars)'의 이름을 붙였습니다. 밤하늘에 떠 있기만 해도 불길한 징조로 여기기도 했지요.

하지만 화성의 붉은빛은 그저 화성 표면의 암석과 대기 중 먼지의 빛깔일 뿐입니다. 이들이 붉게 보이는 이유는 암석이나 먼지에 포함된 철이 산소와 결합한 '산화철'의 형태로 존재하기 때문입니다. 쉽게 말하면 붉게 녹슨 철이라고 생각하면 돼요. 이러한 산화철이 표면의 암석을 구성하고 있거나 대기 중의 먼지 폭풍으로 흩날리는데, 이를 지구에서 보면 붉은빛 행성으로 보이는 거죠.

화성이 가까워졌을 때 망원경으로 자세히 살펴보면 화성 끄트머리 부분에 하얀색의 무언가가 보일 때도 있어요. 바로 화성의 극지방에 있는 얼음입니다. 물론 이 얼음은 물 얼음이 아니라 이산화 탄소가 얼어서 생긴 드라이아이스와 비슷합니다. 이를 화성의 '극관'이라고 부르는데, 허블 우주 망원경이 화성의 극관을 촬영한 사진을 보면 극관의 크기가 계절에 따라 바뀌는 모습을 볼 수 있어요. 겨울이 되면 커졌다가 여름이 되면 녹아서 작아지는 것이죠.

화성은 아주 다양한 지형이 존재하는 걸로 잘 알려져 있어요. 그중에서도 물이 흐른 흔적이 있는 협곡이나 골짜기가 유명하답니다. 강이 흘러서 침식된 계곡이나 그때 쌓인 퇴적물이 만든 지형을 통해 과거 화성 표면에 많은 양의 물이 있었다는 사실을 알 수 있어요. 화성의 적도 부근에 있는 커다란 협곡 '마리너 계곡'의 일부에도 물이 흘렀으리라 추정됩니다. 게다가 계절 변화에 따라 지금도 주기적으로 액체 상태의 물이 흐르는 '주기적 경사선' 지형도 찾아냈지요.

》화성에 북적이는《 탐사선들

그저 붉은빛 불길한 천체였던 화성의 다양한 모습을 알게 된 것은 그동안의 탐사 덕분이었습니다. 화성은 태양과의 거리가 지구-태양 거리의 약 1.5배 정도인 가까운 행성이에요. 지구에서 비교적 자주 오갈 수 있는 거리라고 볼 수 있지요. 게다가 낮은 대기압에 영하 60도 정도의 표면 온도를 지녔기 때문에 탐사선이 어느 정도 버틸 만한 환경이에요. 그래서 인류가 지금까지 가장 많은 탐사를 진행했던 태양계 천체가 바로 화성이었답니다.

1965년 나사의 매리너 4호가 처음 화성을 근접 통과한 것을 시작으로 화성 탐사의 역사가 시작됐습니다. 이후 화성 궤도 진입, 표면 착륙, 토양 샘플 채취 등이 차례로 성공하면서 우리는 화성에 대해 더욱 많이 알 수 있게 됐어요. 특히 물의 흔적이 발견되면서 화성에 생명체가 살 수 있는지에 대해 많은 사람이 호기심을 가지게 됐지요. 탐사선들이 얻은 정보를 바탕으로 지형과 날씨를 확인하고 더 세밀한 탐사를 위한 계획도 수립할 수 있게 되었습니다.

최근에는 아예 화성 표면을 굴러다니는 무인 탐사차(로버)나 헬리콥터까지 등장해 보다 적극적으로 화성을 탐사하고 있습니다. 로버는 조그만 탐사용 차량이라 멀리까지 이동하기는 어렵지만, 화성에서 관심이 가는 지역의 토양이나 대기 샘플을 채취하여 더욱 구체적인 성분을 조사할 수 있습니다. 게다가 다양한 지형들을 가까이에서 사진 촬영을 할 수 있으니 자세히 보기에도 좋고요. 그래서 1997년 '소저너', 2004년 '스피릿'과 '오퍼튜니티', 2012년 '큐리오시티', 2021년 '퍼서비어런스' 등 많은 로버들이 화성 표면을 직접 다니면서 탐사를 진행하고 물과 생명의 흔적을 찾아다녔지요.

특히 2021년에는 '인저뉴어티'라는 탐사 헬리콥터가 로버와 함께 합을 맞추었어요. 로버는 아무래도 속도가 느리고 시야가 좁다 보니, 좀 더 빠르게 이동해서 미리 지형을 살피고 안내하는 탐사용 헬리콥터가 필요했던 거지요. 물론 아직도 생명체의 징후를 발견했다는 소식은 없지만, 앞으로도 화성은 지금처럼 다양한 탐사선으로 북적이게 될 거예요.

》 우주 날씨 《 주의보!

하지만 어떤 태양계 천체라도 우주 날씨를 지배하는 태양에서 벗어날 수는 없습니다. 고에너지의 입자를 싣고 오는 태양풍은 행성의 환경에 큰 영향을 미치지요. 지구는 자기장이 있어 태양풍 입자들을 막아 주기에 생명이 번성할 수 있었습니다. 하지만 화성은 그렇지 않다는 점이 인류의 화성 이주 계획에 큰 걸림돌이 되고 있어요. 화성은 자기장이 미약해서 태양풍을 막아 줄 수단이 없습

니다. 대기마저 지구의 0.6퍼센트밖에 되지 않기 때문에 화성 표면은 그야말로 태양풍이 쏟아지는 곳이에요. 생명체가 그냥 발을 디뎠다가는 치명적인 방사선을 맞을 수밖에 없지요.

게다가 이 태양풍은 화성을 지금의 황량한 행성으로 만든 주범으로 꼽힙니다. 지금까지의 여러 관측 자료를 퍼즐처럼 모아 보면 과거의 화성은 지금과는 꽤 다른 모습이었을 가능성이 높아요. 아마도 표면에 호수나 바다가 존재할 정도로 물이 많았을 테고, 대기의 양도 풍부했을 겁니다. 하지만 강한 태양풍을 오랫동안 맞으면서 대기가 우주 공간으로 쓸려 나가게 되었고, 표면의 물도 함께 증발해 버려 지금의 모습이 되었을 거예요. 만약 과거에 화성에 생명체가 살았다고 해도 이 과정에서 멸종에 가까운 타격을 입었을 테지요. 정말 슬픈 역사가 아닐 수 없습니다.

우리가 화성에 이주하여 인류의 터전을 넓히는 꿈을 현실로 만들려면, 화성의 우주 날씨를 잘 알고 대비해야 합니다. 화성의 우주 날씨를 지속적으로 감시하는 체계를 구축해야 하며, 적어도 우리 몸에 쏟아지는 태양풍은 방비할 수 있어야겠죠. 아직은 갈 길이 멀어 보이지만, 화성 이주의 꿈을 향해 한 걸음씩 다가가는 도전은 분명히 의미가 있습니다.

22

물을 품은 천체들이 있다고?

물은 생명체의 근원이라고도 할 수 있을 정도로 생명 활동에 필수적인 요소입니다. 그래서 우리가 지구 밖에서 생명체를 탐사하거나 인류의 이주를 고려할 때 가장 먼저 살펴보는 게 물의 존재 여부이지요. 다행히도 물은 지구에만 있는 것은 아니랍니다.

유럽 우주국에서는 2023년 4월에 목성 얼음 위성 탐사선인 '주스(JUICE)'를 발사했어요. 주스는 8년 동안 목성을 향해 날아가 목성의 위성인 가니메데, 칼리스토, 유로파의 궤도를 돌며 탐사를 진행할 예정입니다. 세 위성의 공통점은 표면 아래에 물로 이루어진 지하 바다가 존재할 가능성이 높다는 점이에요. 하지만 아직까지는 멀리서 관측한 자료로 물의 존재를 추측하고 있을 뿐이니, 좀 더 가까이 가서 자세한 연구를 수행하는 것이 주스 탐사선의 목적인 거죠.

》물을 품은 목성과《 토성의 위성들

목성과 토성은 거대한 덩치와 강한 중력으로 주변에 수많은 위성을 붙잡아 두고 있습니다. 태양계에서 위성 숫자 1, 2위를 다투는 행성들이지요. 수십 개에 달하는 위성들의 각기 다른 특징들도 흥미롭지만, 특히 물이 존재할 것으로 추정되는 위성들이 많은 관심을 받고 있어요. 주로 우주 망원경이나 지상 대형 망원경의 분광기를 통해 물 분자가 흡수하거나 방출하는 빛을 검출해 내는 식으로 물의 존재를 추정했지요. 하지만 가끔 물이 뿜어져 나오는 모습을 포착하여 더욱 확실한 증거를 확보하기도 했습니다.

400여 년 전 갈릴레이가 발견했던 목성의 4대 위성(이오, 유로파, 가니메데, 칼리스토)은 대부분 물이 존재할 것으로 추정됩니다. 이들 위성의 표면은 온도가 너무 낮아 액체 상태의 물이 존재하기는 어려워서 주로 지하 바다의 형태로 존재하리라 예상돼요. 목성의 강한 중력을 받아 위성 표면과 내부가 마찰을 일으켜 열이 발생하기 때문이지요. 이런 이유로 유로파와 가니메데 등에는 수심이 100킬로미터에 달하는 깊이의 거대한 바다가 있으리라고 추정돼요. 이 정도로 물이 존재한다면 지구 바다보다 약 2배 더 많은 양의 물이 있는 셈이지요.

유로파는 물이 대기 중으로 뿜어져 나오는 모습이 포착된 천체이기도 합니다. 하와이의 켁 망원경을 이용한 분광 관측 연구 결과, 초당 약 2톤에 달하는 수증기가 표면에서 대기 중으로 방출되는 현상이 확인되었지요. 주스 탐사선은 이러한 관측 증거들을 가지고 목성의 위성들로 날아가 물이 뿜어져 나오는 위치나 주기, 물의 구성 성분, 구체적인 지형 등을 조사할 예정입니다.

토성의 위성 중에는 엔셀라두스가 물이 존재하는 것으로 유명합니다. 반지름이 250킬로미터 정도로 작은 위성인 엔셀라두스는 표면이 새하얀 얼음으로 뒤덮여 있어요. 그리고 유로파와 마찬가지로 지하에 바다가 존재할 것으로 추정되지요. 엔셀라두스

2023년 4월 14일 발사된 주스 탐사선은 다른 행성의 위성 궤도를 처음으로 공전할 탐사선이에요. 그만큼 주스 탐사선의 탐사 대상인 목성의 위성들이 중요한 연구 가치를 지녔다는 뜻이지요. 주스 탐사선이 2031년 7월 목성에 도착하면 지하 바다를 품고 있을 가니메데, 칼리스토, 유로파를 총 35번 공전하며 탐사할 예정입니다. 위성들의 표면과 지하 바다의 구성을 들여다볼 절호의 기회라고 할 수 있어요. 모행성인 목성이 이들 위성에 얼마나 영향을 미치는지도 자세히 알아볼 수 있다고 하니 주스 탐사선의 여정도 기대해 볼 만하겠죠?

역시 이 지하 바다에서 뿜어져 나오는 수증기가 직접 관측된 천체입니다. 토성 탐사선 카시니호(2004~2017년)가 촬영한 사진에서는 하얀색 물기둥이 뿜어져 나오는 모습이 확인되었고, 최근에는 제임스 웹 우주 망원경의 분광 자료에서도 거대한 물기둥이 관측되었어요.

》 지구에 있는 물은 《 어디에서 왔을까?

물론 물을 품고 있는 천체는 목성과 토성의 위성뿐만이 아닙니다. 우주에서 물은 생각보다 흔하게 분포하는 물질이에요. 수소 원자 2개와 산소 원자 하나만 결합하면 물 분자가 되기 때문에 여러 화학 반응을 통해 만들어지기가 수월한 물질이니까요. 물 같은 건한 방울도 없어 보이는 달이나 수성만 해도 고위도 지역에서는 생각보다 많은 양의 물이 존재하리라 추측돼요. 그리고 태양계를 떠도는 소행성이나 혜성에도 상당한 양의 물이 포함되어 있습니다. 또한 2015년 명왕성에 도달한 뉴호라이즌스 탐사선의 중력 분포 관측 자료를 분석해 보니 명왕성에서도 지하에 물이 분포할 가능성이 높다고 해요.

이렇게 우주 곳곳에서 물이 많이 발견되기 때문에 지구에 있는 물 또한 우주에서 왔다고 볼 수 있어요. 그래서 현재 지구에 있는 물은 과거 태양계 형성 초기에 소행성이나 혜성 등의 소천체들이 많이 충돌하면서 지구에 공급되었다는 가설이 가장 유력합니다. 다만 지구의 물이 특별한 점은 바로 지표면에서 액체 상태로 존재하는 바다가 있다는 점이지요. 이는 온도나 기압 등의 조건이 맞지 않아 지표면의 바다 대신 지하 바다의 형태로 물이 존재하는 다른 천체들과 다른 점입니다. 그래서 지구의 바다는 햇빛을 받으면서 광합성을 하는 미생물이 번성할 수 있었고, 그것이 인류를 비롯한 육상 생물들이 살아갈 수 있는 터전을 만들어 준 셈이지요. 하지만 지구에도 빛 한 줄기 들어오지 않는 심해에 생태계가 형성된 것을 보면, 유로파나 엔셀라두스의 지하 바다에도 생명체가 살지 못하라는 법은 없습니다. 그래서 천문학자들은 주스 탐사선을 비롯한 미래의 태양계 탐사에 큰 기대를 걸고 있지요.

23

명왕성은 왜 행성에서 빠졌을까?

불과 20년 전만 하더라도 태양계 행성은 '수금지화목토천해명'으로 9개였어요. 하지만 2006년 8월, 태양계 행성의 정의를 새롭게 만들면서 명왕성이 빠지게 되었죠. 명왕성은 어떤 천체이고, 왜 행성에 포함됐다 빠지게 된 걸까요?

2015년 7월 14일, 어둡고 적막한 태양계 외곽에 있는 한 천체에 인류가 보낸 손님이 찾아왔어요. 바로 명왕성을 근접 통과한 탐사선 뉴호라이즌스호였지요. 2006년 1월 발사된 뉴호라이즌스호는 목성을 거쳐 명왕성까지 무려 9년 반 동안 날아갔습니다. 뉴호라이즌스호는 인류 최초로 명왕성에 근접하면서 명왕성의 선명한 사진을 찍어서 보내왔어요. 덕분에 그동안 우리가 흐릿한 형체로만 보고 있던 명왕성의 다채로운 모습들을 알 수 있었지요. 가장 유명한 사진이 바로 명왕성의 남반구에 보이는 밝은색 하트 모양 지형입니다. 표면 온도가 영하 230도에 달하는 명왕성에서 질소 빙하가 모여 들어 생긴 평탄한 지형이지요. 더불어 명왕성의 온갖 귀여운 밈을 탄생시켜서 우리에게 명왕성을 더욱 친근한 이미지로 만들어 준 일등 공신이죠.

이렇게 명왕성 연구에 혁혁한 공을 세워 줬던 뉴호라이즌스호의 임무는 한때 그 가치가 평가 절하되었던 적이 있었어요. 뉴호라이즌스호가 발사되고 나서 얼마 되지 않아 명왕성이 태양계 행성에서 제외되었기 때문이지요. 2006년 8월 체코 프라하에서 열린 국제 천문 연맹 총회에서 천문학자들은 태양계 행성을 새롭게 정의하였습니다. 이 정의에 따르면 행성은 세 가지 조건을 만족시켜야 해요. 태양을 중심으로 공전하는 궤도를 가져야 하고, 천체가 둥근 모양을 유지할 수 있을 정도로 중력이 강해야 하며, 공전 궤도 주변의 다른 천체들을 흡수 또는 지배할 수 있어야 합니다. 이 중 세 번째 조건을 만족시키지 못하는 천체들을 '왜소행성(왜행성)'으로 따로 분류하기로 했어요. 명왕성이 여기에 해당되면서 행성이 아닌 왜소행성이 되어 버린 거지요. 그렇게 태양계 행성은 9개에서 8개로 줄어들었습니다.

» 행성들의 이단아, « 명왕성

명왕성은 1930년 미국 천문학자 클라이드 톰보에 의해 발견되었습니다. 발견 이후 태양계의 행성으로 인정받으면서 해왕성 궤도 너머에서 발견된 최초의 행성이 되었지요. 하지만 꾸준한 관측 결과 천문학자들은 명왕성이 기존의 행성들과 뭔가 다르다는 생각을 하기 시작했습니다.

우선 명왕성은 너무 크기가 작고 질량이 가벼웠어요. 크기와 질량 모두 태양계 행성 중에서 최소 기록을 경신할 정도였지요. 심지어 지구의 위성인 달의 3분의 2 크기 정도였습니다. 물론 이 사실 자체가 처음부터 큰 문제가 되지는 않았어요. 이렇게 작고 가벼운 명왕성을 행성으로 인정해도 태양계 행성 중에 독특하게 작고 가벼운 천체가 하나 섞여 있다는 정도로 받아들여졌으니까요.

하지만 1978년 명왕성의 위성 카론이 발견되면서 이야기가 달라지기 시작했습니다. 명왕성과 카론의 질량 비율은 약 8대 1이에요. 모(母)행성의 질량이 위성보다 무거운 건 당연하지만, 모행성이 차지하는 비율이 다른 태양계 행성-위성들에 비해 너무 작았지요. 예를 들어 목성이나 토성은 위성과의 질량비가 거의 수천

대 1에 이릅니다. 지구와 달도 약 80대 1의 질량비를 지니고요. 이런 점을 고려할 때 명왕성과 카론은 거의 서로를 공전하는 대등한 천체이거나 오히려 명왕성이 카론에 의해 휘둘린다고 봐도 무방할 정도였지요.

게다가 관측해 보니 명왕성은 공전 궤도도 기존 행성들과 상당히 달랐습니다. 우선 명왕성의 공전 궤도는 너무 찌그러져 있었어요. 찌그러졌다는 말은 공전 궤도가 둥그스름한 원보다는 길쭉한 타원 형태에 가깝다는 뜻입니다. 이 찌그러진 정도를 나타내는 지표로 '궤도 이심률'이라는 값을 측정해 볼 수 있는데, 공전 궤도에서 천체가 태양에서 가장 멀 때와 가까울 때의 거리 비율을 통해 계산하지요. 공전 궤도가 태양을 중심으로 한 완벽한 원이라면 궤도 이심률은 0이 되고, 궤도가 길쭉한 타원 모양으로 찌그러질수록 1에 가까워집니다. 대부분의 태양계 행성은 궤도 이심률이 0.1 이하를 보일 정도로 거의 원에 가까운 궤도를 보입니다. 하지만 명왕성은 0.25에 달하는 궤도 이심률을 보여 궤도가 상당히 찌그러져 있지요.

또한 태양계의 행성들은 거의 비슷한 평면상에서 태양을 공전하고 있는데, 명왕성의 궤도는 이 평면을 꽤 벗어난 모습을 보입니다. 지구의 공전 궤도 평면과 기존 행성들의 공전 궤도면은 거의 10도도 차이가 나지 않습니다. 애초에 대부분의 행성들이 원반 모양의 비슷한 평면상에서 만들어졌기 때문이에요. 하지만 명왕성의 궤도는 지구 공전 궤도에 대해 무려 17도나 기울어져 있습니다. 이렇게 기울어진 궤도는 사실 행성의 공전 궤도보다는 소행성이나 혜성의 궤도와 비슷했어요. 명왕성이 너무 가볍다 보니 공전 궤도 또한 다른 행성들처럼 안정적이지 못해 찌그러지거나 기울어지게 된 거죠.

» 재분류의 결정적 계기, « 카이퍼 벨트 천체

이렇게 명왕성의 튀는 성질 때문에 천문학자들의 고민이 늘어가던 찰나에 새로운 소식들이 들려왔습니다. 1990년대가 되면서 그동안 미지의 영역이었던 해왕성 궤도 너머에서 수많은 천체가 발견된 거지요. 이 태양계 외곽 천체들의 모임은 '카이퍼 벨트' 또는 '해왕성 바깥 천체'로 명명되었습니다. 명왕성의 공전 궤도와 비슷한 위치에 있는 소천체들의 모임이었지요.

이렇게 발견된 수천 개의 카이퍼 벨트 천체 중에는 명왕성의 행성 지위를 위협할 만한 천체들도 있었습니다. 대표적인 예가 2005년에 발견된 '에리스'였습니다. 에리스는 발견 당시부터 명왕성보다 더 클 것으로 예상되었어요. 명왕성이 행성이라면 에리스도 행성이 아니어야 할 이유가 없었습니다. 또한 '하우메아', '마케마케'와 같이 명왕성의 절반 이상의 크기를 지닌 천체들도 있었어요. 명왕성보다 작긴 하지만 그렇다고 칼같이 잘라서 그들을 행성이 아니라고 볼 수 있는 근거도 딱히 없었지요.

이렇게 하나씩 행성으로 인정하다 보면 태양계 행성의 개수가 얼마나 더 늘어날지 알 수 없었습니다. 카이퍼 벨트의 천체들은 계속해서 발견되고 있었으니까요. 모든 문제는 '태양계 행성'이라는 개념이 명확히 정의되지 못했기 때문이었어요. 결국 천문학자들이 가장 많이 모이는 국제 천문 연맹 총회에서 이 문제에 대해 논의하기로 한 거지요. 논의와 투표 결과 새로운 행성의 정의가 만들어졌고, 명왕성은 더 이상 태양계 행성이 아닌 왜소행성으로 다시 분류되었습니다.

24

외계 생명체가 있을까?

태양계 밖 우주에도 별은 무수히 많이 존재합니다. 그러면 각각의 별을 공전하고 있는 행성이나 소행성, 위성들도 많겠지요. 우리는 이런 외계 행성에 대해 얼마나 알고 있을까요? 과연 외계 행성에 사는 생명체도 있을까요?

2022년 7월 제임스 웹 우주 망원경의 첫 과학 관측 자료가 공개되었어요. 그중에는 사진은 아니지만 분광 기기로 얻은 스펙트럼의 형태로 공개된 자료도 있었어요. 바로 외계 행성 'WASP-39b'의 대기를 분광 관측한 결과였지요. 거문고자리 방향으로 약 700광년 떨어진 WASP-39b는 목성보다도 큰 뜨거운 가스 행성입니다. 제임스 웹 우주 망원경은 정밀한 분광 관측을 통해 이 외계 행성의 대기에 물과 이산화 탄소, 이산화 황 등이 존재한다는 사실을 밝혀냈지요. 비록 표면 온도가 섭씨 900도에 달해서 생명체가 살기는 어려워 보이지만, 우주 망원경을 통해 외계 행성 대기의 물 성분을 확인할 수 있다는 사실은 정말 놀라웠어요. 앞으로 다른 외계 행성도 비슷한 관측과 분석을 충분히 진행할 수 있다는 뜻이니까요.

》 숨은 외계 행성 《 찾기!

외계 행성은 스스로 빛을 내지 못하는 천체이기 때문에 찾기가 매우 어렵습니다. 처음 외계 행성의 존재가 확인된 것도 1992년이었으니 불과 30년밖에 지나지 않은 셈이지요. 하지만 관측 기술이 발전하면서 지금은 5천 개가 넘는 외계 행성이 발견되었습니다. 빛도 나오지 않는 외계 행성을 어떻게 찾는 걸까요?

현재 외계 행성을 찾는 방법은 대여섯 가지가 있지만, 주된 방법은 두 가지가 있어요. 첫 번째로 가장 많이 이용되는 방법은 외계 행성의 그림자를 이용하는 방법이에요. 외계 행성은 별을 중심으로 공전 운동을 하고 있을 겁니다. 공전을 하다 보면 마치 일식 현상처럼 외계 행성이 별을 가리는 시점이 있어요. 바로 그때 별의 밝기가 약간 어두워지는 걸 감지하여 외계 행성의 존재를 확인합니다. 물론 외계 행성으로 인한 별빛의 밝기 변화는 정말 미약하기 때문에, 비교적 거리가 가까운 별과 외계 행성에 대해서만 적용이 가능해요. 현재까지 이 방법으로 약 4천 개가 넘는 외계 행성이 발견되었답니다.

두 번째 방법은 별의 운동을 감지하는 거예요. 외계 행성이 별을 공전하고 있지만, 사실은 별도 외계 행성을 공전하고 있습니다. 외계 행성 또한 중력을 지니고 있기 때문에 굉장히 미약하게나마 별을 움직여요. 그래서 역학적으로 엄밀히 말하자면 별과 외계 행성은 서로 공통의 질량 중심을 공전하고 있습니다. 다만 그

질량 중심이 별에 아주 가깝기 때문에 외계 행성만 공전하고 별은 거의 움직이지 않는 것처럼 보일 뿐이죠. 이때 미세하게 움직이는 별에서 나오는 빛을 분광 관측하면 파장이 길어졌다 짧아졌다 하는 주기를 확인할 수 있습니다. 이 주기를 통해 외계 행성의 존재와 성질 등을 파악하는 거죠. 이 방법으로는 약 천 개 정도의 외계 행성이 발견됐어요.

》 외계 생명체는 《
어디에 살고 있을까?

외계 행성 연구에서 가장 큰 관심은 아무래도 외계 생명체의 존재 여부입니다. 외계 생명체가 거주하려면 지구처럼 물과 대기가 있어야 하니 외계 행성의 구성 성분을 분석하는 정밀한 분광 관측이 필수입니다. 그래서 최근에는 제임스 웹 우주 망원경의 분광 관측이 주목을 받고 있어요. 약 40광년 떨어진 '트라피스트-1' 행성계는 액체 상태의 물이 있을 만한 위치에 행성들이 분포해 있어 제임스 웹 우주 망원경의 관측 대상으로 떠올랐지요. 다만 아직까지는 생명체의 거주 가능성이 희박해 보여요. 관측해 보니 대기가 없거나 온도가 너무 높거나 하는 등 조건이 가혹했기 때문이지요. 하지만 앞으로도 다른 외계 행성들을 계속 관측해 나가면서 새로운 발견들이 이어지리라 예상됩니다.

5장

별빛이 전해 주는 이야기

25

별의 색깔이 다른 이유는?

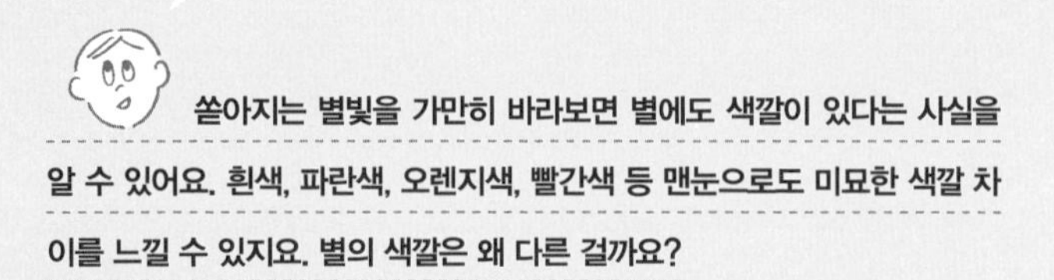

쏟아지는 별빛을 가만히 바라보면 별에도 색깔이 있다는 사실을 알 수 있어요. 흰색, 파란색, 오렌지색, 빨간색 등 맨눈으로도 미묘한 색깔 차이를 느낄 수 있지요. 별의 색깔은 왜 다른 걸까요?

쏟아지는 별빛에 취해 본 적이 있는 사람이라면 별빛에도 색깔이 있다는 사실에 고개를 끄덕일 거예요. 음악에 조예가 깊은 사람이라면 같은 클래식 음악도 연주자가 조성진인지 임윤찬인지에 따라 달라지는 느낌을 짚어 내고, 진성 축구 팬이라면 포백과 스리백 전술이 어떻게 다른지 볼 줄 아는 것과 마찬가지입니다. 밤하늘에서도 그저 검은 건 하늘이고 하얀 건 별이라고만 알고 있다면 밤하늘을 제대로 감상할 줄 모르는 거죠.

》 형형색색, 《
가지각색 별의 색깔

가만히 살펴보면 별은 정말 다양한 빛깔을 지니고 있어요. 겨울철 오리온자리 어깨 부분의 베텔게우스, 황소자리에서 가장 밝은 알데바란, 전갈자리의 심장 안타레스 등은 붉은 빛깔을 띠고 있습니다. 봄철 목동자리의 아크투루스나 (밤하늘에 뜨진 않지만) 태양처럼 주황 빛깔을 보이는 별도 있고요. 겨울에 가장 밝게 보이는 시리우스나 여름철 은하수를 사이에 둔 알타이르와 베가는 하얀 빛을 냅니다. 오리온자리의 왼쪽 다리에 있는 리겔과 왼쪽 어깨에 있는 벨라트릭스는 청백색으로 보이지요.

물론 별을 자세히, 많이 본 적이 없다면 색깔 차이가 잘 느껴지지 않을 수도 있어요. 원래 별이 내뿜는 빛에는 여러 색깔이 함께 섞여 있다 보니 어느 정도는 백색을 띠고 있긴 하니까요. 그리고 사람의 눈은 청색 계열보다는 적색이나 황색에 더욱 민감하기 때문에 리겔이나 벨라트릭스는 그냥 흰색으로 보이기도 합니다. 하지만 관측 기기를 가지고 촬영한 컬러 사진을 보면 별빛의 차이를 더욱 확연히 느낄 수 있지요. 이는 관측 기기가 사람의 눈보다 청색 파장대에 더 민감하기 때문이에요.

» 색깔은 « 별의 체온계 숫자

이렇게 다양한 별의 색깔은 곧 별의 표면 온도를 나타냅니다. 별은 아주 거대한 불덩이와 같아서, 스스로 빛과 열을 내는 천체예요. 이때 방출되는 빛의 파장은 온도에 따라 달라집니다. 별의 온도가 높다는 것은 곧 에너지가 높고 파장이 짧은 빛이 나온다는 뜻이에요. 반대로 낮은 온도를 지닌 별은 비교적 파장이 긴 빛을 내고요. 가시광선 영역에서 파장이 짧은 빛은 푸른색을 띠고 파장이 긴 빛은 붉은색을 띠기 때문에 이러한 온도 차이가 색깔의 차이로 우리 눈에 보이는 거예요. 실제로 주황색 별인 태양은 표면 온도가 약 6천 도인 데 비해, 청백색 별 리겔은 온도가 1만 도 이상에 이르고 적색 별인 베텔게우스는 약 3천 도에 불과하지요.

이러한 별의 온도 차이는 별이 얼마나 나이를 먹었는지, 스스로 타오르면서 얼마나 빠르게 연료를 소모하는지, 질량이나 크기는 어느 정도인지에 따라 다르게 나타납니다. 나이가 많을수록, 빛을 낼 때 물질을 덜 소모할수록, 크기가 아주 커서 밖으로 내보내는 에너지가 많을수록 별의 표면 온도는 낮아집니다. 그러면 붉

은색 별로 보일 테지요. 반면 푸른색으로 보이는 별은 나이는 젊고 빛을 내기 위해 폭발적으로 물질을 태우는 별이라고 볼 수 있어요. 그렇기 때문에 별의 색깔은 곧 별의 진화 단계를 보여 주는 중요한 지표가 됩니다. 별이나 별의 모임인 성단을 연구하는 천문학자들은 관측 자료에서 별의 색깔을 가장 먼저 측정하여 정리한답니다. 별의 색깔은 마치 체온계 숫자처럼 별의 활동 징후를 보여 주니까요.

26

'창조의 기둥'에서 어떻게 별이 탄생할까?

스스로 엄청난 빛과 열을 내뿜는 별은 처음에 어떻게 탄생했을까요? 별의 재료가 되는 성간 물질에서 별이 탄생하는 과정을 알아봐요.

2022년에 제임스 웹 우주 망원경이 독수리 성운의 사진을 찍어 보내온 적이 있었어요. 뱀자리 방향으로 약 6500광년 떨어져 있는 이 성운은 '창조의 기둥'이라고 불리는 성간 물질 덩어리로 유명했답니다. 원래는 제임스 웹 우주 망원경의 선배인 허블 우주 망원경의 고화질 사진을 통해 알려진 천체였어요. 뿌연 성간 물질 덩어리가 서너 개의 커다란 기둥 모양으로 분포하고 있는 성운이지요. 그리고 여기서는 새로운 별도 태어나기 때문에 창조의 기둥이라는 별명이 붙은 거예요. 제임스 웹 우주 망원경이 촬영한 창조의 기둥은 별이 탄생하는 신비롭고도 경이로운 순간을 포착한 귀중한 사진으로 많은 관심을 모았어요.

» 티끌 모아 « 성운

'성간 물질', 말은 거창하고 어려워 보이지만 실제로는 별거 없습니다. 그냥 우주에 떠다니는 먼지, 티끌, 가스 등을 묶어서 칭하는 말이에요. 별과 별 사이에 텅 빈 것처럼 보이는 공간에 분포한다고 해서 성간 물질이라고 부르는 것뿐이지요. 대부분의 성간 물질은 우주에 가장 많이 존재하면서도 가장 가벼운 원소인 수소와 헬륨으로 구성돼 있습니다. 여기에 소량의 탄소, 산소, 규소, 또는 철 등이 섞여서 성간 물질을 이루지요.

성간 물질은 대체로 밀도가 아주 낮습니다. 각설탕 크기의 부피에 원자나 분자가 대략 10개 미만으로 분포할 정도니까요. 같은 부피에 지구 대기의 공기 입자는 수백 경(10의 18제곱) 개 단위에 달한다는 점을 비교해 보면 거의 진공 상태나 다름없습니다. 하지만 우주의 모든 물질은 중력을 지니고 있듯이 성간 물질도 중력으로 스스로 뭉쳐서 밀도가 높아지는 경우가 있어요. 각설탕 부피를 수백 개 이상의 성간 물질 입자들이 채우게 되면 비로소 뿌연 형체로 보이게 됩니다. 이렇게 성간 물질이 중력이라는 끈으로 뭉쳐서 만든 뿌연 구름을 '성운'이라고 하지요.

성운은 배경 빛을 가려서 어둡게 보이는 암흑 성운, 주변 빛을 반사하여 빛나는 반사 성운, 그리고 주변에서 받은 빛에 의해 에너지가 높아지면서 자체적으로 다시 빛을 방출하는 발광 성운이 있습니다. 물론 우주의 천체들이 대부분 그렇듯이 성운에서도 흡수, 반사, 방출 작용이 모두 어느 정도 섞여 있긴 합니다. 그중 어떤 작용이 지배적인지에 따라 나눌 뿐 절대적인 분류는 아니에요. 성운을 분류하는 것보다 더욱 중요한 것은 성운은 별의 요람이자 잔해가 되기도 한다는 사실입니다.

》별은 거대한《 핵융합 용광로

거대한 성운에서 별이 만들어지기 위해서는 성간 물질이 더욱더 빽빽하게 뭉쳐야 합니다. 성간 물질이 서로의 중력을 받으면서 중심에서 뭉치게 되면 온도와 압력이 높아져요. 공기를 갑자기 압축시키면 따뜻해지는 것과 같은 원리에요. 압축된 물질은 입자들 사

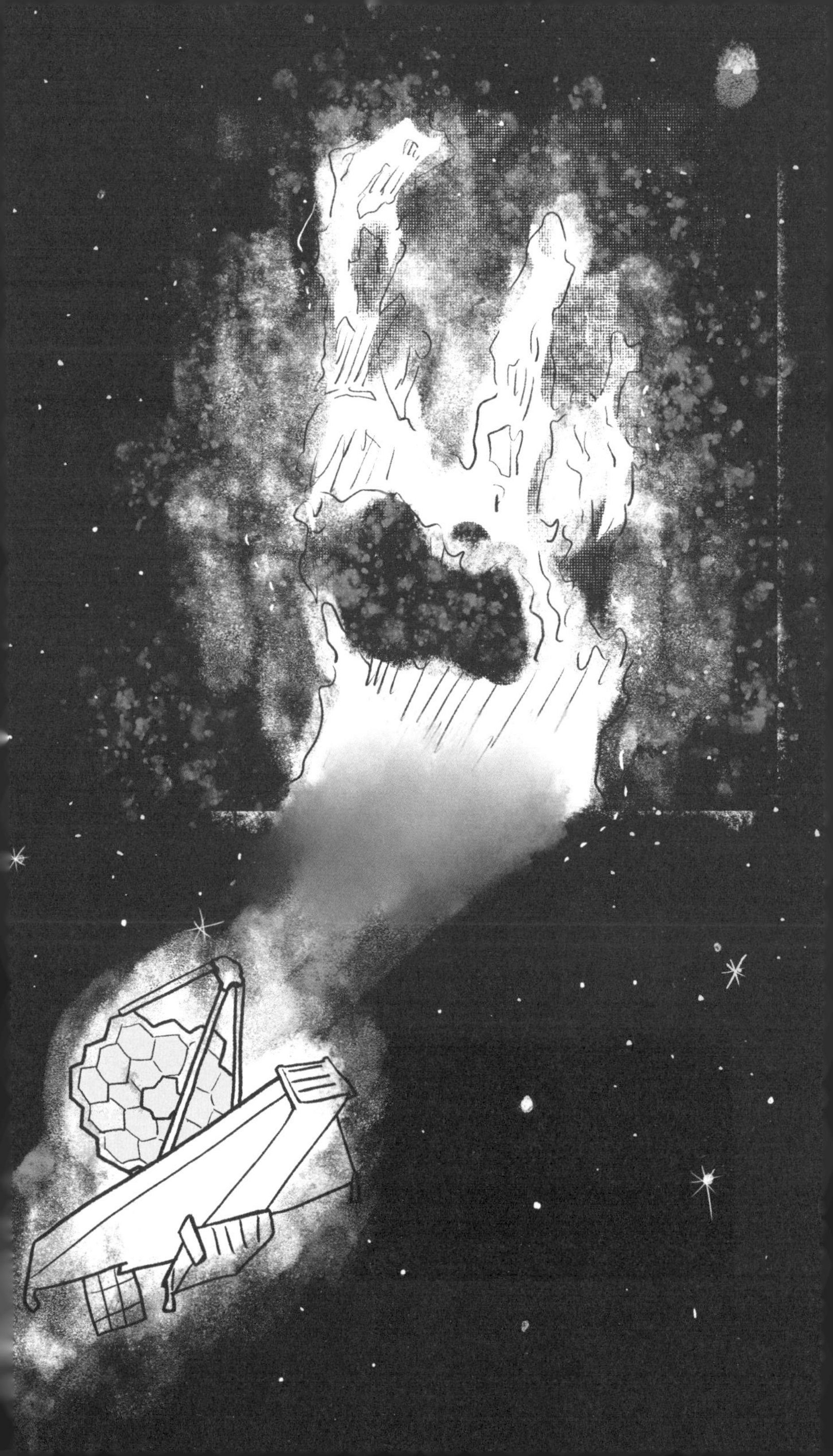

이의 충돌이 많아지면서 온도와 압력이 높아지지요.

성간 물질이 뭉치는 중심부에서는 이렇게 온도와 압력이 극단적으로 높아집니다. 수천만 도 이상의 고온 상태가 되면 가벼운 원소가 서로 결합하면서 무거운 원소로 변하는 현상이 벌어집니다. 이것이 바로 '핵융합 반응'이에요. 수소, 헬륨 같은 원소는 기본적으로 양성자나 중성자로 이루어진 '원자핵'과 바깥의 '전자'로 구성되어 있습니다. 그런데 핵융합 반응이 일어날 때는 전자는 원자핵과 완전히 떨어져 자유롭게 돌아다니고, 원자핵끼리 충돌하고 결합하면서 더 무거운 원자핵으로 바뀝니다. 이 과정에서 엄청난 양의 에너지가 빛과 열로 나옵니다. 일상에서는 절대 볼 수 없는 화학 반응이지만, 별의 내부는 고온 고압의 상태이므로 이런 핵융합 반응이 실시간으로 계속 일어나고 있지요.

이렇게 스스로 빛을 내뿜게 되면 성운에서 별이 태어난 거랍니다. 특히 갓 태어난 별은 우주에서 가장 많은 원소인 수소를 통해 핵융합 반응을 일으켜 헬륨을 만드는 수소 핵융합 반응을 가장 많이 일으킵니다. 수소보다 더 무거운 원소들도 핵융합 반응을 일

독수리 성운은 메시에 16번 천체로도 알려져 있으며 크기가 100광년이 넘는 성간 물질 덩어리입니다. 이 성운의 일부가 허블 우주 망원경으로 포착되면서 '창조의 기둥'으로 알려진 것이죠. 그렇다고 뿌연 성간 물질만 보이는 것은 아니에요. 젊은 별들로 이루어진 성단이 군데군데 분포하고, 그 별에서 뿜어내는 강한 자외선이 주변의 수소 원자들을 들뜨게 만든 흔적도 포착할 수 있답니다. 이 흔적을 '전리 수소 영역'이라고 부르는데, 독수리 성운 사진에서 붉게 보이는 부분에 이에 해당된답니다.

으킬 수 있는데, 수소 핵융합 반응을 일으킬 때보다 더 높은 온도와 압력이 필요해요. 그러려면 별이 더 무거워야 하겠지요. 무거운 별에서는 수소 핵융합 반응으로 수소를 다 쓴 다음, 중력으로 더욱 압축되면서 더 뜨거워지고, 그렇게 올린 온도를 바탕으로 다시 헬륨 핵융합 반응을 일으키는 연쇄 작용을 합니다. 그래서 별의 특성이나 진화 단계마다 다른 핵융합 반응을 이용해 빛과 열을 내는 것이지요. 밤하늘에 떠 있는 수많은 별은 각각 이런 마법과 같은 핵융합 반응으로 우리에게 별빛을 실어 보내옵니다.

27

우리가 별에서 왔다고?

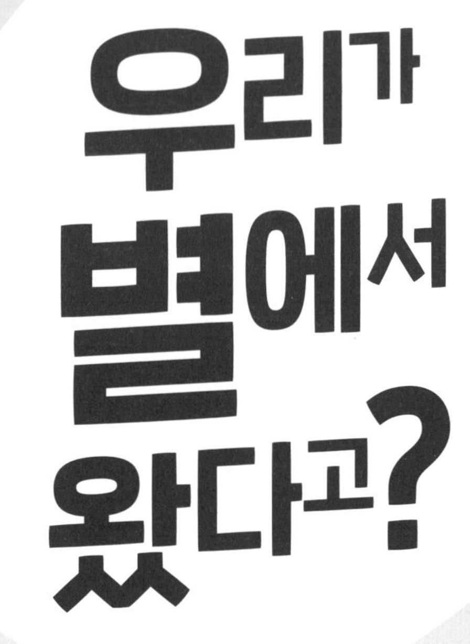

우주의 물질은 끊임없이 순환하고 있어요. 별도 탄생하고 진화하다가 마지막 단계에 이르면 죽음을 맞이합니다. 하지만 별의 죽음은 또 다른 탄생의 씨앗이 되기도 해요. 어떤 과정을 거쳐야 그런 순환이 생길까요?

『코스모스』의 저자로 유명한 천문학자 칼 세이건은 "우리는 모두 별의 자녀다."라는 말을 남긴 적이 있습니다. 우리 몸을 구성하는 근육, 뼈, 혈액 등에 들어 있는 모든 원소들이 사실은 별에서 만들어졌기 때문이지요. 태양 질량 정도 되는 별은 수소 핵융합 반응에서 그치지 않고 헬륨 핵융합 반응까지 일으키며 탄소나 산소를 만들어 냅니다. 탄소는 모든 생명체를 구성하는 기본 물질이고 산소는 우리가 호흡하며 에너지를 얻는 중요한 원소입니다.

》 무거운 별의 심장이 《 만드는 원소들

태양 질량의 10배 이상으로 무거운 별은 엄청난 고온 고압을 바탕으로 탄소나 산소마저도 핵융합 반응의 연료로 사용하면서 더욱 무거운 원소들을 만들 수 있습니다. 네온, 마그네슘, 규소 등의 원소들을 계속해서 만들어 내지요. 이런 연쇄적인 핵융합 반응으로 생성되는 가장 무거운 원소는 철입니다. 무거운 별은 핵융합 반응으로 철을 만들 때까지 계속해서 연료를 태우며 빛과 열을 내지요. 그렇게 만들어진 원소들은 모두 인류 문명에도 중요한 역할을 해 주었습니다.

그래서 무거운 별의 내부에는 마치 양파 껍질처럼 무거운 원소들의 층이 형성됩니다. 가장 중심에 철이 있고 외부로 나오면서 규소, 마그네슘, 네온 등의 가벼운 원소들의 층이 생기지요. 이들 중 일부는 별의 엄청난 압력으로 인해 태양풍처럼 별 바깥으로 실

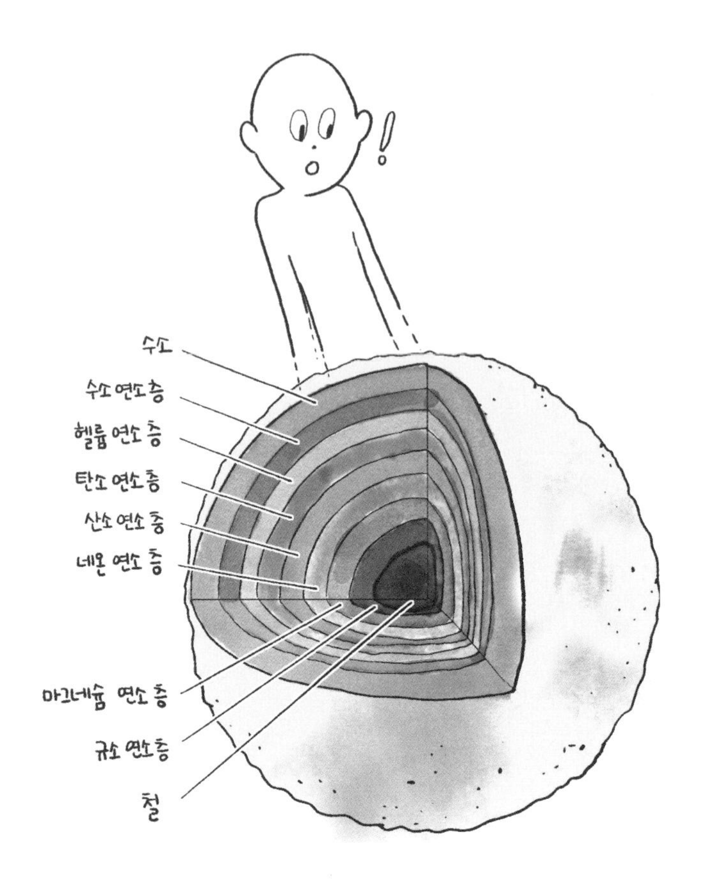

려 나가기도 합니다. 그렇게 운반된 원소들이 새로운 천체를 만드는 재료가 되지요.

》 초신성 폭발이 《 다시 뿌린 씨앗

하지만 핵융합 반응이 다는 아니에요. 별의 내부에서는 핵융합 반응으로 철까지밖에 만들지 못하지만 우리 주변에서 철보다 무거운 원소는 얼마든지 찾아볼 수 있습니다. 구리나 금, 은, 수은, 납처럼 말이죠. 이러한 원소들은 무거운 별이 최후를 맞이할 때 만들어집니다.

무거운 별이 핵융합 반응으로 철까지 만들어 내면서 빛과 열을 내다가 연료를 소진하게 되면, 더 이상 핵융합 반응을 통해 에너지를 낼 수 없는 지경에 이르러요. 그러면 별은 스스로의 중력을 이기지 못하고 한꺼번에 무너져 내립니다. 워낙 많은 물질이 한꺼번에 중심부로 떨어지며 붕괴하다 보니 그 과정에서 엄청난 양의 에너지가 나오게 되지요. 이게 바로 초신성 폭발입니다.

철보다 무거운 원소들은 이 초신성 폭발에서 비롯되었어요. 초신성 폭발은 극단적인 고온 상태를 만들고 은하만큼 밝은 빛을 낼 정도로 강력한 에너지를 내뿜습니다. 그래서 수십억 광년 너머에서 일어난 초신성 폭발도 관측할 수 있을 정도예요. 무거운 별의 장엄한 최후라고 할 만하지요. 현재 우리 일상을 지탱해 주는 수많은 원소들은 이런 별의 화려한 죽음에서 온 것이라고 볼 수 있습니다.

게다가 초신성 폭발은 이 무거운 원소들을 우주 곳곳에 뿌려 주는 아주 중요한 역할을 해 줍니다. 초신성 폭발은 지금까지 별의 내부에 쌓여 있던 물질을 우주 공간으로 날려 보내 줍니다. 그렇게 날아간 별의 잔해들은 한동안 성간 물질로 우주 공간을 떠돌다가 모여서 성운을 이루게 됩니다. 그 성운에서는 다시 별이 만들어지고 별을 중심으로 도는 행성이나 위성의 재료로 쓰이지요.

그중의 하나가 태양계와 지구입니다. 그러니 우리의 존재도 별에서 왔다고 볼 수 있겠지요? 무거운 별이 죽음을 맞이하면서 우주에 다시 생명의 씨앗을 뿌리는 셈이에요. 우리 몸을 구성할 뿐만 아니라 일상생활에도 밀접한 여러 원소는 무거운 별의 잿더미에서 탄생했다고 볼 수 있습니다.

28

눈으로 은하수를 여행하는 법?

태양도 더 거대한 우리은하의 중력에 이끌려 공전 운동을 하고 있어요. 우리은하는 태양과 같은 별 수천억 개와 다양한 성운, 성단 등이 모여 있는 천체이지요. 우리은하는 어떤 특성을 보이고 있을까요?

달이 지구를 공전하고 지구가 태양을 공전하듯이, 태양을 비롯한 태양계 전체도 거대한 천체의 중심을 공전하고 있습니다. 바로 '우리은하'를 말이지요. 밤하늘에서 맨눈으로 볼 수 있는 거의 모든 별은 우리은하 소속입니다. 더불어 우리은하에는 별뿐만 아니라 성간 물질도 중력으로 한데 묶여서 거대한 집단을 이루고 있지요. 우리은하의 전체 질량은 태양 질량의 수천억 배에 달합니다. 그러니 태양과 같은 별이 족히 수천억 개는 되는 곳이라고 볼 수 있습니다. 태양은 우리은하의 중심을 약 2억 3천만 년 주기로 공전하고 있지요. 지구에 처음 인류라는 종이 생겨난 다음부터 지금까지 아직도 우리는 우리은하 중심을 한 바퀴도 돌지 못한 셈이에요.

» 은하수로 만나는 « 우리은하

우리은하를 숲에 비유한다면 우리는 지구라는 한 그루 나무에 둥지를 틀고 사는 새와도 같아요. 이제야 겨우 둥지 밖으로 한두 발짝 나가 봤을 뿐이죠. 그러다 보니 숲이 어떻게 생겼는지는 알 수가 없습니다. 숲 밖으로 나가야 전체적인 숲의 생김새를 볼 수 있을 테니까요. 하지만 둥지 안에 앉아서도 이웃 나무들의 분포를 잘 관찰하면 숲의 모습을 어느 정도 짐작해 볼 수는 있어요. 우리은하를 싹둑 자른 단면인 은하수가 바로 그런 역할을 해 줍니다.

우리나라에서는 주로 여름철 밤하늘에 뿌연 은하수가 나타

나는 모습을 볼 수 있습니다. 여름철 밤에 지구에서 보는 방향이 우리은하 중심 방향이기 때문이지요. 그래서 여름철 별자리에 속한 견우성과 직녀성 사이를 가로지르는 은하수와 오작교의 전설이 생겨나기도 했어요. 이처럼 은하수는 전체 하늘에 고르게 나타나는 게 아니라, 별과 별 사이를 지나가는 좁은 띠 모양으로 생겼습니다. 여기서 추측할 수 있는 사실은 우리은하가 납작한 원반 모양을 하고 있다는 것이지요.

사실 은하수는 겨울철 밤하늘에도 나타납니다. 하지만 너무 어두워서 맨눈으로 보기가 힘들 뿐이에요. 여름철 밤하늘과 겨울철 밤하늘은 지구의 위치가 반 바퀴 차이 나기 때문에, 은하수의 서로 다른 방향을 보는 것이라고 이해할 수 있습니다. 여름철에 보이는 은하수 중심 방향에는 별이 많이 분포하고, 겨울철에 보이는 은하수 외곽 방향에는 별이 적게 분포한다는 사실을 알 수가 있어요. 더불어 우리 지구가 위치한 태양계가 은하수 중심에서 꽤 멀리 떨어져 있다는 것도 짐작할 수 있지요.

은하수가 잘 보이는 곳에서 가만히 은하수의 흐름을 따라가다 보면, 별이 비교적 많이 모여서 밝은 곳도 있고 뭔가에 가려져서 어두운 곳도 있어요. 우리은하에는 별이 균일하게 분포하는 것이 아니라는 점을 보여 주는 것이죠. 별이 모여 있는 '성단'도 있는가 하면 성간 물질이 별빛을 가리고 있는 '성운'도 함께 존재한다는 거예요. 우리은하는 다양한 천체들이 함께 어우러져 은하 중심을 돌고 있는 공동체인 거지요. 맨눈으로는 볼 수 없지만 여기에 각 별에 딸린 행성이나 위성들까지 더하면 우리은하만 해도 아주 다양한 세상들을 품고 있을 겁니다. 다양한 스페이스 오페라 시리즈들이 은하를 배경으로 하는 이유이기도 하지요.

》 은하수 심화 학습: 《
별의 거리 측정과 중성 수소 가스 관측

이제 둥지에서 숲을 맨눈으로만 바라보는 것이 아니라 고성능 망원경을 통해 본다면 무엇을 더 알아낼 수 있을까요? 멀리 보이는 나무들의 거리를 안다면 숲의 부분적인 지도를 그려 볼 수 있겠지요. 은하수에 대해서도 마찬가지입니다. 관측 기술이 발전하면서 우리는 우리은하를 이해하기 위한 다양한 도구를 갖출 수 있었어요. 그런 도구를 활용하는 가장 중요한 기술은 바로 '별의 거리 측정'과 '중성 수소 가스 관측'입니다.

은하수에 보이는 별까지의 거리를 측정하면 그 별이 우리은하의 어디쯤 있는지를 알 수 있어요. 그런 별들을 많이 관측한다면 은하수의 구조에 대해 추측해 볼 수 있지요. 별의 거리는 대개 시차를 이용해 측정합니다. 우리는 지구에 발을 붙이고 있으니 지구가 공전하면서 별이 어떻게 움직이는지를 관측하는 거지요. 크게 움직인다면 그 별은 가까운 별이고, 작게 움직인다면 그 별은 멀리 있는 별일 거예요. 이 시차는 정말 미세해서 수백만 분의 1도 이하까지도 측정이 가능해야 합니다. 2013년 발사된 가이아 위성이 10억 개가 넘는 별의 시차와 거리를 측정하며 이 역할을 훌륭히 수행하고 있습니다.

은하수를 이해하는 또 하나의 중요한 요소는 바로 수소 가스입니다. 우주에서 가장 많은 원소가 수소이다 보니 떠다니는 성간 물질에도 수소 원자가 가장 많습니다. 성간 물질에 포함된 수소 원자는 양성자 하나와 전자 하나가 결합해 전기적으로 중성을 띠기 때문에 중성 수소 가스라고 부르기도 해요. 중성 수소 가스는 전파 영역에서 빛을 내기 때문에 전파 망원경 관측을 통해 성간 물질의 위치와 분포를 알아낼 수 있지요.

이러한 도구를 이용해 은하수를 다시 알아보면 우리은하의 구조에 대해 더 알아낼 수 있습니다. 우선 우리은하의 전체적인 크기를 알아낼 수 있지요. 우리은하는 지름이 약 10만 광년에 달하고, 태양계는 은하 중심으로부터 약 2만 6천 광년 정도 떨어진 곳에 위치해 있습니다. 그리고 우리은하에는 별과 성간 물질이 주변에 비해 빽빽하게 보여서 나선 모양으로 뻗은 곳이 있어요. 이를 '나선팔'이라고 부릅니다. 우리은하에는 4개의 커다란 나선팔이 있고 중심 근처에는 막대 모양으로 뻗은 구조가 있습니다. 이러한 종류의 은하를 '막대 나선 은하'라고 불러요. 어때요, 우리가 직접 은하수 밖으로 나가서 우리은하를 볼 수는 없어도, 이 정도면 둥지 안에서 숲을 꽤 많이 알아낸 것 같지 않나요?

29

안드로메다 은하와 우리은하가 충돌한다고?

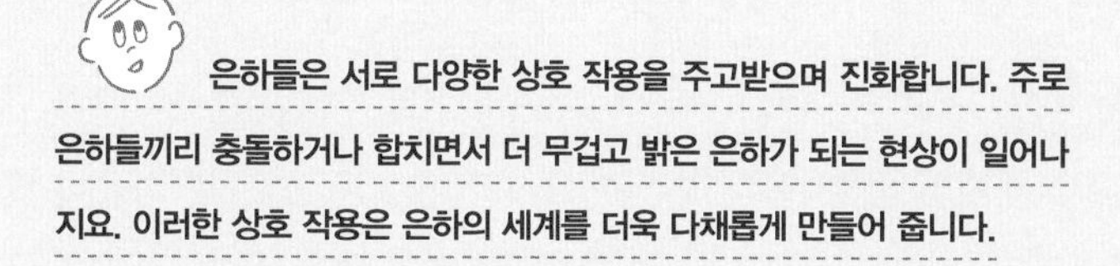

은하들은 서로 다양한 상호 작용을 주고받으며 진화합니다. 주로 은하들끼리 충돌하거나 합치면서 더 무겁고 밝은 은하가 되는 현상이 일어나지요. 이러한 상호 작용은 은하의 세계를 더욱 다채롭게 만들어 줍니다.

우주는 무수히 많은 은하로 이루어져 있지요. 은하가 수천억 개의 별로 구성돼 있는 것도 비슷합니다. 우리은하 밖에 있는 독립적인 은하들을 일컬어 '외부은하'라고 부릅니다. 우리가 가장 쉽게 볼 수 있는 외부은하는 가을철 밤하늘에서 희미하고 뿌옇게 빛나는 안드로메다은하입니다. 한때 '안드로메다 성운'으로 불렸던 안드로메다은하는 우리에게 외부은하의 존재를 알려준 천체이기도 하지요.

1920년대에 에드윈 허블 등의 천문학자들이 안드로메다은하까지의 거리가 약 100만 광년 정도임을 밝혀냈어요(이 거리 측정값은 후에 250만 광년으로 다시 수정되었습니다). 우리은하의 크기가 10만 광년 정도이니 우리은하 밖의 독립된 은하라는 사실을 입증한 것이죠. 그러면서 우리가 알던 우주도 우리은하 밖 외부은하의 세계로 확장되었습니다.

》천태만상《 은하 세상

외부은하의 존재가 밝혀지자마자 엄청난 양의 외부은하 관측 사진들이 쏟아졌어요. 그동안 우리은하의 뿌연 성운인 줄만 알았던 천체들 중 다수가 외부은하임이 밝혀졌기 때문이지요. 외부은하들의 생김새를 살펴보던 천문학자들은 은하를 몇 가지 갈래로 분류할 수 있겠다고 생각했습니다. 그래서 만들어진 기초적인 은하 분류 체계가 바로 '허블 분류표'입니다. 1926년 에드윈 허블이 발표한 외부은하의 모양 분류법이지요.

외부은하는 크게 '타원 은하', '나선 은하', '렌즈형 은하', '불규칙 은하'로 나눌 수 있습니다. 타원 은하는 가장 무거운 은하 종류인데, 나이 든 붉은 별들이 아주 많이 빽빽하게 타원형으로 모여 있습니다. 먼지나 가스 같은 성간 물질 재료가 부족해서 새로운 별을 잘 만들지는 못하는 특성을 보이지요.

나선 은하는 우리은하나 안드로메다은하를 떠올리면 쉽습니다. 나선팔 구조와 다양한 별들, 그리고 뿌연 성간 물질이 뒤섞여 원반 모양으로 돌고 있는 은하입니다. 타원 은하보다 새로운 별을 많이 만들어 내서 젊고 푸른 별들도 많이 보이지요.

렌즈형 은하는 타원 은하와 나선 은하의 중간 형태를 보이는 은하입니다. 타원 은하처럼 주로 늙은 별로 이루어져 있지만 나선 은하처럼 뿌연 먼지 띠를 두르고 있기도 하지요.

불규칙 은하는 모양이 타원형도 나선형도 아닌 형용할 수 없는 불규칙한 모양을 지니고 있습니다. 대체로 규모는 작지만 새로운 별을 가장 폭발적으로 만들어 내는 은하이기도 해요.

사실 이렇게 분류해도 은하는 모양이 정말 제각각입니다. 같은 타원 은하라도 먼지 띠를 두르고 있는 은하도 있고, 같은 나선 은하라도 어떤 은하는 막대 구조가 있는데 어떤 은하는 없는 등 다양한 파생형이 존재하지요. 그래서 실제 은하 사진들을 접하다 보면 정말 다채로운 매력을 즐길 수 있답니다.

» 거대한 규모의 우주 쇼, « 은하 충돌

우주에서 은하들은 자주 충돌하고 병합하는 등의 상호 작용을 겪습니다. 한 은하에만 수천억 개가 존재하는 별들은 서로 충돌하는 일이 드문 데 비해, 더 멀리 떨어진 은하들끼리는 비교적 잘 충돌하지요. 이는 은하들이 서로 멀리 떨어져 있긴 하지만 은하의 크기에 비해서는 비교적 가깝기 때문이에요. 우리은하와 안드로메다은하는 서로 250만 광년 떨어져 있으니 각 은하의 크기에 비해 약 25배 정도의 거리를 두고 있는 셈입니다. 한편 별의 경우, 태양과 프록시마 센타우리(태양계 밖에서 우리와 가장 가까운 별)는 서로 4.2광년 떨어져 있는데, 이는 태양의 크기에 비하면 6천만 배에 달하는 엄청난 거리예요. 그러니 별끼리 충돌하는 일보다 은하끼리 충돌하는 일이 훨씬 잦은 거지요.

안드로메다은하의 속도를 측정해 보면 우리와 가까워지고 있다는 사실을 알 수 있어요. 그래서 약 40억 년 후에는 우리은하와 충돌할 것으로 예상됩니다. 그러면 한동안 두 은하의 중력 분포가 불안정해지면서 별과 성간 물질이 마구 흩뜨려질 겁니다. 이런 과정에서 꼬리 모양이나 두 은하를 잇는 다리 모양으로 천체들이 분포하게 되면서 불규칙 은하로 보이게도 돼요. 흩어진 가스들이 곳곳에서 다시 뭉치면서 새로운 별을 만들어 내기도 합니다.

이에 대한 좋은 예로는 우주 망원경의 스펙터클한 사진으로 유명해진 '안테나 은하'나 '수레바퀴 은하' 등이 있지요. 약 60억 년 후에는 두 은하가 합쳐져서 거대한 타원 은하 '밀코메다(우리은하(Milky Way)와 안드로메다은하(Andromeda)를 더한 이름)'를 형성할 거예요. 흩뿌려졌던 물질들이 다시 안정을 되찾고, 그동안 폭발적으로 별을 형성하면서 재료를 소진해 버려서 조용한 타원 은하가 되는 것이죠. 우주에 있는 대부분의 타원 은하는 이런 격렬한 충돌 과정을 통해 만들어졌으리라 추측돼요. 이렇게 은하 충돌은 우주를 다양한 모습의 은하들로 채워 주는 역할을 합니다.

30

블랙홀은 어떻게 만들어질까?

'사건의 지평선'이란 말을 들어 봤나요? 어떤 사건이 어느 영역 외부에 있는 관측자에게 영향을 미치지 못할 때, 그 영역의 경계를 사건의 지평선이라고 해요. '사건의 지평선'을 넘어가면 빛조차도 빠져나오지 못한다는 미지의 천체 블랙홀! 지금까지 우리가 블랙홀에 대해 알고 있는 건 어느 정도일까요?

2019년 4월, 지구상의 전파 망원경이 총동원되어 구성된 '사건의 지평선 망원경'은 최초로 블랙홀의 사진을 촬영하는 데 성공했습니다. 지구에서 약 5천만 광년 떨어진 메시에 87번 타원 은하의 중심에 있는 블랙홀의 모습을 사진에 담았지요. 전파 망원경들은 서로 떨어져 있어도 관측 대상이 같으면 떨어진 거리만큼이나 커다란 가상의 망원경 하나처럼 작동할 수 있습니다. 그래서 블랙홀을 촬영하기 위해 북반구부터 남반구까지 내로라하는 전파 망원경들이 모두 묶여서 블랙홀을 촬영할 수 있을 만큼의 커다란 사건의 지평선 망원경을 구성한 거지요.

메시에 87번 은하 중심의 블랙홀을 촬영한 사진을 보면, 주변에서 블랙홀의 강한 중력에 의해 원반 모양으로 빠르게 돌면서 빛을 내는 물질들이 보여요. 이런 반지 고리 모양의 구조를 '강착 원반'이라고 부릅니다. 그리고 원반 가운데에는 마치 심연의 영역처럼 검은 곳이 보이는데 그곳이 바로 본격적인 블랙홀의 영역이자 '사건의 지평선'이라고 부르는 곳이에요.

사건의 지평선이란 블랙홀의 경계로 블랙홀의 강한 중력에 의해 빛조차도 갇혀 버리는 영역입니다. 블랙홀의 사건의 지평선 근처를 직접 바라본 사진은 이때가 처음이었어요. 2022년에는 사건의 지평선 망원경이 우리은하 중심에 있는 블랙홀까지도 비슷한 사진을 촬영하는 데 성공했으니, 이름에 걸맞은 활약을 보여줬다고 할 수 있겠죠?

블랙홀은 크게 두 종류로 나눌 수 있습니다. 태양 질량의 10

배 이상 되는 무거운 별이 최후를 맞으면서 생기는 '별 질량 블랙홀'과, 은하 중심에 자리 잡고 있는 아주 무거운 '거대 질량 블랙홀'이 있지요. 사건의 지평선 망원경이 촬영한 블랙홀은 타원 은하와 우리은하의 중심에 있었으니 둘 다 거대 질량 블랙홀에 해당합니다.

» 죽은 별의 그림자, « 별 질량 블랙홀

무거운 별의 내부에서는 엄청나게 빽빽하게 뭉친 물질들이 스스로 중력으로 붕괴하면서 블랙홀이 됩니다. 태양 질량의 10배에서 100배 정도 되는 별의 일부가 이런 별 질량 블랙홀을 만들지요.

별의 진화 과정은 별을 이루는 힘의 균형이 어떻게 유지되느냐로 이해할 수 있습니다. 별을 이루는 물질의 질량으로 인해 내부로는 중력이 작용하고, 중심부에서는 핵융합 반응으로 에너지가 나오니 바깥으로 압력이 작용합니다. 별은 일생 대부분을 수소 핵융합 반응으로 인한 압력이 중력과 균형을 맞춘 상태로 보내요. 그래서 지금 우리를 비추는 태양처럼 안정된 상태를 늘 유지하지요.

하지만 핵융합 반응이 아무리 엄청난 에너지를 내는 반응이라도 엄연히 재료를 필요로 하기 때문에 무한정 이어질 수는 없습니다. 태양도 현재와 같은 수소 핵융합 반응을 앞으로 50억 년 정도만 유지할 수 있어요. 그 후에는 태양 중심부에서 핵융합 반응의 재료인 수소가 고갈되기 때문이지요. 핵융합 반응을 일으키던 수소가 고갈되면 별의 중심부는 중력을 이기지 못하고 수축하게 돼요. 그러면 중심 온도가 높아져서 그다음 헬륨 핵융합 반응을 일으킬 수 있게 되죠. 그리고 헬륨이 고갈된 다음은 탄소, 산소, 네온 등으로 점점 더 무거운 원소들을 태우는 단계를 차례로 밟아 나갑니다. 물론 이 단계를 거칠 수 있을 정도로 질량이 충분하지 않은 별들은 그저 물질이 빽빽하게 수축된 상태로 간신히 중력을 버텨 내게 됩니다. 백색 왜성이 여기에 해당되지요.

연쇄적인 핵융합 반응으로 점점 더 무거운 원소들을 태우던 별은 철까지 만들어 내고 나면 한계에 다다릅니다. 별의 내부 에너지만으로는 더 이상 철의 핵융합 반응을 일으킬 수 없기 때문이지요. 그러면 별은 감당할 수 없는 중력 때문에 한꺼번에 중심부로 무너지며 엄청난 초신성 폭발을 일으킵니다. 이때 대부분의 물질이 밖으로 날아가 버리고 중심부에는 양성자와 전자가 중력으로 잔뜩 찌그러진 중심핵 부분만 남아요. 이 중심핵은 대부분 '중성자별'이라고 불리는 천체가 됩니다. 하지만 이 중성자별의 질량마저 어느 한계를 넘어서면 중력이 너무 강해져서 빛의 속도로도 빠져나갈 수 없는 검은 별이 되어 버립니다. 이렇게 만들어진 별질량 블랙홀은 진화의 마지막 단계에서 중력을 이기지 못하고 초신성 폭발과 함께 남은 죽음의 그림자라고 볼 수 있겠지요.

》 은하 중심의 괴물, 《
거대 질량 블랙홀

은하들의 중심에도 엄청나게 무거운 거대 질량 블랙홀들이 자리를 잡고 있어요. 별 질량 블랙홀이 태양 질량의 약 10배에서 100배 정도라면, 은하 중심에 있는 거대 질량 블랙홀은 수백만 배에서 수십억 배에 달할 정도로 괴물 같은 블랙홀입니다. 거대 질량 블랙홀의 존재는 우리은하 중심에서 가장 먼저 밝혀졌어요. 우리은하 중심부에서 빠른 속도로 운동하는 별들을 관측하다 보니, 이 정도로 빠르게 움직이려면 태양 질량의 4백만 배에 달하는 블랙홀이 있어야 된다는 가설을 세우게 된 거죠. 그리고 그 가설은 사건의 지평선 망원경에 의해 확실하게 확인되었습니다.

우리가 아는 대부분의 외부은하에도 중심에 거대 질량 블랙홀이 있습니다. 사실 거대 질량 블랙홀이 어떻게 만들어졌는지는 아직도 자세히 알지는 못해요. 별 질량 블랙홀들이 서로 합쳐졌거나, 우주 초기에 많은 물질이 한꺼번에 중력 수축을 겪었거나 하는 가설들이 있을 뿐이지요. 흥미로운 것은 거대 질량 블랙홀이 메시에 87번 은하처럼 물질을 엄청나게 많이 먹어 치우면서 강한 에너지를 내뿜는 활동적인 경우도 있고, 우리은하처럼 물질도 많이 빨아들이지 않고 정적인 경우도 있다는 점이에요. 그래서 천문학자들은 거대 질량 블랙홀의 기원이나 은하와의 연관성 등을 흥미로운 연구 주제로 삼고 있답니다.

페인은 학사 과정을 모두 수료했지만,
영국에서는 여성 천문학자가 일할 자리를 구할 수 없었다.

페인은 하버드 대학교 천문대에서 일하며,
래드클리프 대학교에서 박사 학위를 받았다.
당시에 여성은 하버드 대학교에 다닐 수
없었기 때문이다.

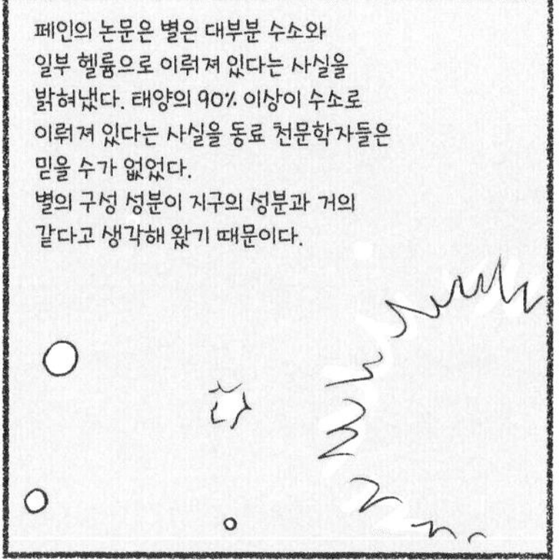
페인의 논문은 별은 대부분 수소와
일부 헬륨으로 이뤄져 있다는 사실을
밝혀냈다. 태양의 90% 이상이 수소로
이뤄져 있다는 사실을 동료 천문학자들은
믿을 수가 없었다.
별의 구성 성분이 지구의 성분과 거의
같다고 생각해 왔기 때문이다.

하지만 얼마 못 가 페인의 주장은 사실로 밝혀졌다.
이후 별의 내부에서 수소 핵융합 반응이
일어나면서 별이 빛을 낼 수 있다는
가능성이 연구되기 시작했다.
125만 번째 관측이야.

1956년, 페인은 하버드 대학교 문리과 최초의 여성 정교수가 되었다.
천문학에서 여성이 학자로서
본격적인 활동을 하게 만든
사람이 바로 접니다.
페인 덕분에 우리는 별이
어떻게 빛을 내는지
알 수 있게 된 것이다.

6장

우주의 탄생과 진화, 빅뱅 우주론

31

천체까지의 거리를 어떻게 잴까?

천문학에서 천체까지의 거리를 재는 일은 아주 중요한 일입니다. 우리의 우주관과 현대 우주론이 모두 여기에서 출발하지요. 하지만 거리 측정은 항상 어렵습니다. 어떤 거리 측정법이 있는지 알아볼까요?

천문학에서 천체까지의 거리를 재는 방법은 수십 가지가 넘습니다. 사실 방법 한 가지만으로도 하나의 연구 주제가 될 정도로 복잡다단하고 개선의 여지도 많지요. 하지만 우주론의 역사를 이끌어 온 만큼 아주 중요한 부분이기도 합니다. 안드로메다은하까지의 거리를 측정하기 전에는 외부은하의 존재를 입증할 방법이 없었던 것처럼, 천체까지의 거리를 모르면 우리가 알 수 있는 부분이 많이 제한됩니다. 그래서 천문학자들은 다양한 거리 측정법을 개발하고 서로 교차 검증하며 더욱 정확성을 높이고자 노력하고 있지요.

가장 직접적이고 확실한 거리 측정법은 별의 시차를 이용하는 방법입니다. 시간에 따라 지구가 공전하는 움직임을 이용해 멀리 있는 별까지의 시차를 재는 것이죠. 이를 '연주 시차'라고 합니다. 요즘은 우주에 띄운 가이아 위성을 이용해 수만 광년 떨어진 별까지의 거리도 연주 시차로 측정할 수 있습니다. 하지만 연주 시차 방법만으로는 거의 우리은하를 벗어나지 못합니다.

그 너머의 우주에 있는 천체의 거리는 '거리 지수'를 이용해야 합니다. 거리 지수는 천체의 겉보기 밝기와 고유 밝기(광도)의 차이로 계산하는 값입니다. 천체의 광도는 천체와의 거리를 일정하게 고정시키고 나서 본 밝기예요. 거리가 먼 천체는 당연히 어둡게 보일 테니 특정한 거리(약 32.6광년)를 정해 두고 측정한 천체의 자체적인 밝기를 말해요. 만약 겉보기 밝기와 광도 사이의 차이가 크다면, 그 천체가 아주 멀리 있다는 뜻이 됩니다. 여기서 겉

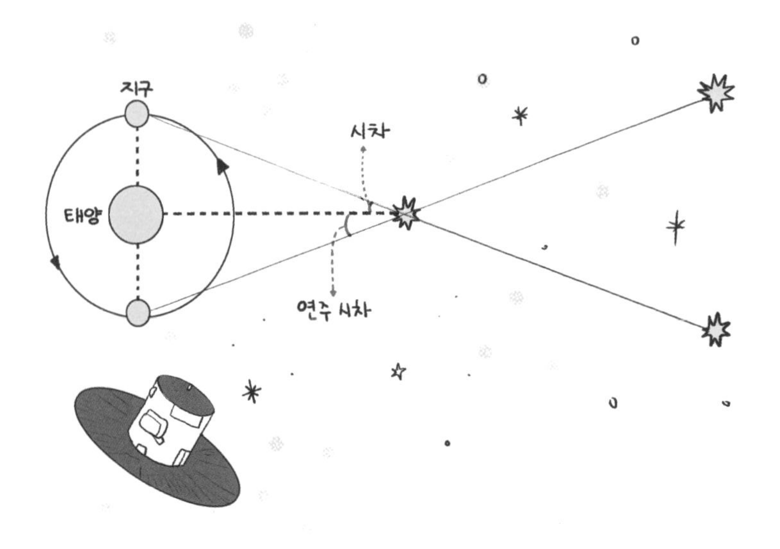

보기 밝기는 그냥 관측을 하면 측정할 수 있죠. 문제는 천체의 광도를 어떻게 아느냐는 거예요. 모든 천체에 가까이 다가가서 직접 측정할 수도 없으니, 천문학자들은 천체의 광도를 간접적으로 알아낼 수 있는 여러 방법을 생각해 냈습니다.

» 변광성의 주기를 « 이용하는 방법

변광성이란 주기적으로 별의 밝기가 변하는 별을 뜻합니다. 별은 내부로 작용하는 중력과 외부로 나가려는 압력이 균형을 이루고 있는 천체인데, 이 균형이 불안정한 별들이 있습니다. 그러면 주기적으로 커졌다 작아졌다 하면서 밝기도 함께 변하는 것이지요. 변광성은 별의 질량이나 주기 등에 따라 다양한 종류가 있습니다.

그중에는 변광하는 주기를 통해 별까지의 거리를 잴 수 있는 변광성들이 있습니다.

'세페이드 변광성'이라고 불리는 별은 보통 태양 질량의 다섯 배에서 열 배 정도 되는 무거운 변광성입니다. 세페이드 변광성의 주기는 별의 광도와 밀접한 상관관계를 지녀요. 이를 주기-광도 관계라고 하지요. 세페이드 변광성은 주기가 길수록 광도도 밝은 특성이 있습니다. 천문학자들은 연주 시차 방법을 통해 이미 거리를 알고 있는 세페이드 변광성에 대해서 주기-광도 관계를 검증해 왔어요. 즉, 세페이드 변광성의 주기를 측정하면 그걸로 별의 광도를 추정할 수 있고, 그걸 바탕으로 겉보기 밝기와의 차이를 통해 거리 지수를 결정할 수 있습니다.

》 초신성의 밝기를 《 이용하는 방법

변광성을 이용한 방법이 비교적 가까운 우주를 측정하는 방법이라면, 수억 광년 너머의 먼 우주는 초신성을 많이 이용합니다. 왜냐하면 변광성보다 초신성이 훨씬 더 밝아서 멀리서부터 볼 수 있기 때문이지요. 초신성은 폭발하면서 밝아졌다가 시간이 지나면서 어두워지는데, 이런 밝기 변화가 초신성의 광도와 연관이 있어 거리 측정에 활용됩니다. 그래서 '표준 촛불'이라고 부르기도 하지요.

거리 측정에 가장 널리 쓰이는 초신성은 'Ia형 초신성'입니다.

이 유형의 초신성은 주로 쌍성을 이룬 두 개의 별이 중력을 통해 서로 물질 교환을 하다가 한쪽에 물질이 너무 많이 몰리면서 폭발하는 별이에요. Ia형 초신성은 폭발 후 최대 밝기가 거의 일정한 경향이 있습니다. 즉, 멀리 있으나 가까이 있으나 거리에 따른 겉보기 밝기의 차이만 있을 뿐, 광도는 일정한 것이지요. 만약 Ia형 초신성을 성공적으로 관측해서 겉보기 밝기를 측정하기만 한다면 거기서 거리 지수를 유도해 낼 수 있습니다. 이 방법은 먼 우주에 있는 초신성을 포함한 은하들의 거리를 측정하는 데 주로 쓰였습니다.

이외에도 다양한 거리 측정 방법이 활용되면서 서로 퍼즐처럼 천체들의 거리를 짜 맞추어 왔어요. 이러한 수십 개의 거리 측정 방법 체계를 일컬어 '우주 거리 사다리'라고 부르기도 합니다. 가까운 우리은하부터 먼 우주까지 수많은 측정 방법이 사다리의 한 계단씩을 차지하고 있는 거랍니다.

32

우주 팽창의 진실은?

우주 공간이 가만히 있지 않고 팽창한다는 사실은 이제 상식이 되었어요. 그런데 얼핏 보면 전혀 말도 안 되는 것 같은 이야기를 천문학자들은 어떻게 밝혀냈을까요? 우주 팽창의 진실을 알아 가는 과정은 어땠을까요?

우리가 우주 공간이 팽창한다는 사실을 알게 된 지는 얼마 되지 않았어요. 외부은하가 막 발견되던 시기인 1920년대와 맞물려 있지요. 이때 많이 관측되었던 분광 자료가 우주 팽창을 밝히는 단서가 되어 주었어요. 분광 스펙트럼에는 우주 공간의 움직임이 고스란히 담겨 있었던 거죠. 고요하고 깊은 밤하늘처럼 항상 그 모습을 그대로 유지할 거라고 믿었던 우주관이 한꺼번에 무너진 시기였습니다.

» 은하들의 움직임을 담은 « 적색 이동

외부은하가 폭발적으로 발견되면서 각 은하들을 사진으로 촬영하는 일뿐만 아니라 스펙트럼을 얻는 분광 관측도 많이 진행됐습니다. 스펙트럼에는 은하와 별을 구성하는 원소들이 남긴 흔적이 있어요. 특정 파장대에서 빛을 많이 흡수하거나 방출하면서 스펙트럼의 모양을 변화시키기 때문이지요. 예를 들어 은하 속 별의 대기에 있는 수소 원자는 656.3나노미터의 파장대에서 빛을 흡수합니다. 이 파장 값은 어떤 천체에 있는 수소 원자든 마찬가지로 일정하게 정해져 있어요.

그런데 만약 은하 전체가 우리에게서 가까워지거나 멀어진다면, 파장의 길이가 변해서 우리에게 도달하게 돼요. 이를 '도플러 효과'라고 하지요. 예를 들어 어떤 은하가 우리에게서 초속 300킬로미터로 멀어진다면, 수소 원자의 흡수선 파장은 656.9나노미터로 약간 길어진 상태로 스펙트럼에 기록됩니다. 반대로 초속 300킬로미터로 가까워지면 655.6나노미터로 짧은 파장으로 이동하게 되고요. 파장이 원래보다 긴 쪽으로 이동하는 현상을 '적색 이동', 반대를 '청색 이동'이라고 불러요. 원래 수소 흡수선의 파장은 알고 있으니 이를 스펙트럼에 기록된 파장과 비교해서 적색 이동과 청색 이동 여부를 판단할 수 있는 거죠. 어떤 은하의 스펙트럼에서 적색 이동이 나타나면 그 은하는 우리에게서 멀어지고 있고, 청색 이동이 나타나면 우리와 가까워진다고 해석할 수 있는 거예요.

1920년대에 천문학자들이 관측한 은하들의 스펙트럼은 조금 묘했습니다. 일단 거의 대부분의 은하들이 적색 이동을 보이고 있는 데다, 멀리 있는 은하일수록 더 빠르게 멀어지는 움직임을 보이고 있었던 거죠. 이는 은하 자체가 그렇게 빠른 속도로 움직인다기보다는 우리와 해당 은하 사이의 우주 공간 자체가 팽창한다는 사실을 보여 줍니다. 천문학자들도 꽤 혼란에 빠졌지만 관측 자료가 너무나 명백하게 보여 주고 있었기에 우주의 팽창을 부정할 수는 없었습니다. 거리 측정법의 발전과 분광 자료의 시너지가 우리에게 우주는 팽창한다는 사실을 알려 준 것이죠.

» 우리은하와 안드로메다은하는 « 왜 가까워지지?

우주가 팽창한다는 개념이 좀 더 와 닿으려면 숫자 하나를 열심히 뜯어봐야 해요. 바로 현대 천문학에서 우주가 팽창한다고 알려진 속도인 '70km/s/Mpc'입니다. 해석하자면 '1메가파섹(Mpc)에 해당하는 거리마다 초속 70킬로미터의 속도로 우주 공간이 팽창한다.'라는 뜻이에요. 여기서 1메가파섹은 약 326만 광년에 달하는 거리의 단위입니다. 우리은하와 안드로메다은하 사이의 거리가 약 250만 광년이니 그보다 좀 더 먼 거리라고 볼 수 있지요. 그러면 약 650만 광년 떨어진 곳과 우리 사이의 우주는 초속 140킬로미터, 약 1000만 광년 떨어진 곳과는 초속 210킬로미터로 멀어진다고 볼 수 있어요.

얼핏 보면 엄청난 속도처럼 보이지만 우주의 천체들과 비교해 보면 그렇지 않습니다. 우리은하와 안드로메다은하가 가까워지는 속도가 초속 120킬로미터이고, 태양이 우리은하 중심을 공전하는 속도가 초속 220킬로미터예요. 그러니 약 1000만 광년 거리에 있는 우주의 팽창 속도도 천체의 운동 속도에 비해 그리 크지 않다는 사실을 알 수 있죠. 이 정도 거리에서는 우주 팽창의 효과보다 각 천체들의 고유한 운동 속도가 더 지배적이라고 볼 수 있습니다. 그러니 우리은하와 안드로메다은하 사이에서 우주 팽창 효과는 미미하고 서로의 중력에 이끌려 오히려 가까워지고 있는 것이죠.

우주 팽창의 효과는 1억 광년 정도 너머의 천체들을 볼 때부터 제대로 나타나기 시작합니다. 이 정도 거리의 천체들은 초속 2천 킬로미터 이상의 속도로 멀어지는 모습을 보이는데, 일반적인 천체들이 보이는 운동 속도보다 훨씬 빠르지요. 그래서 우주 공간이 팽창하기 때문에 이렇게 빠른 속도를 보일 수 있다고 해석할 수 있는 거예요.

33

태초의 우주는 어떤 모습이었을까?

천문학은 결국 우리의 근원을 찾아가는 학문입니다. 우주가 처음 생겨났을 때는 어떤 모습이었을까요? 이 물음에 대해 과학으로 답을 찾아가는 천문학의 여정은 어땠을까요?

1949년, 영국 BBC 방송의 한 프로그램에서 태초의 우주 모습에 대한 토론이 이루어졌습니다. 한쪽에서는 우주가 엄청나게 뜨거운 한 점에서 대폭발을 겪은 다음 팽창하고 있다고 주장했고, 다른 한쪽에서는 우주 공간이 팽창하더라도 전체적인 우주의 모습은 변하지 않는다고 주장했습니다.

양쪽의 토론이 치열해지는 도중, 대폭발을 부정하던 천문학자 프레드 호일이 대폭발설을 조롱하며 한마디 던졌어요. "아니 그럼 무슨 우주가 옛날에 갑자기 펑(big bang) 하고 태어났다는 거예요?"라는 식의 빈정거림에 가까웠지요. 하지만 아이러니하게도 이 말이 나온 뒤에 대폭발설은 '빅뱅 우주론'으로 널리 불리게 됩니다. 훗날 빅뱅 우주론은 현대 천문학의 정설이 되었으니, 이 중요한 이론의 이름을 빅뱅 우주론을 비판하던 학자가 지어 준 셈이 되었어요.

》원시 우주의 열기,《 우주 배경 복사

불과 70여 년 전만 하더라도 태초의 우주가 어떤 모습이었는지에 대해서는 학자들마다 의견이 갈렸어요. 빅뱅 우주론은 팽창하는 우주를 거꾸로 돌려 보면 대폭발 후 고온 고압 상태였던 초기 우주가 있었을 거라 주장했습니다. 반면 우주는 팽창하지만 팽창한 공간에서 다시 별과 행성이 태어나며 우주의 모습은 그대로라는 정상 우주론이 빅뱅 우주론에 맞섰어요. 빅뱅 우주론의 이름을 지어 준 프레드 호일 또한 정상 우주론을 주장하던 학자였지요.

빅뱅 우주론과 정상 우주론은 먼 옛날 우주가 생겨난 뒤 어떻게 진화해 오는지를 설명하는 이론이기 때문에, 천체 몇 개 정도의 관측으로는 쉽게 결론을 내릴 수가 없었습니다. 하지만 천문학은 관측의 학문이기 때문에 이론을 뒷받침할 관측 증거가 반드시 필요했지요. 이때 두 이론의 희비를 가를 관측 증거로 등장한 것

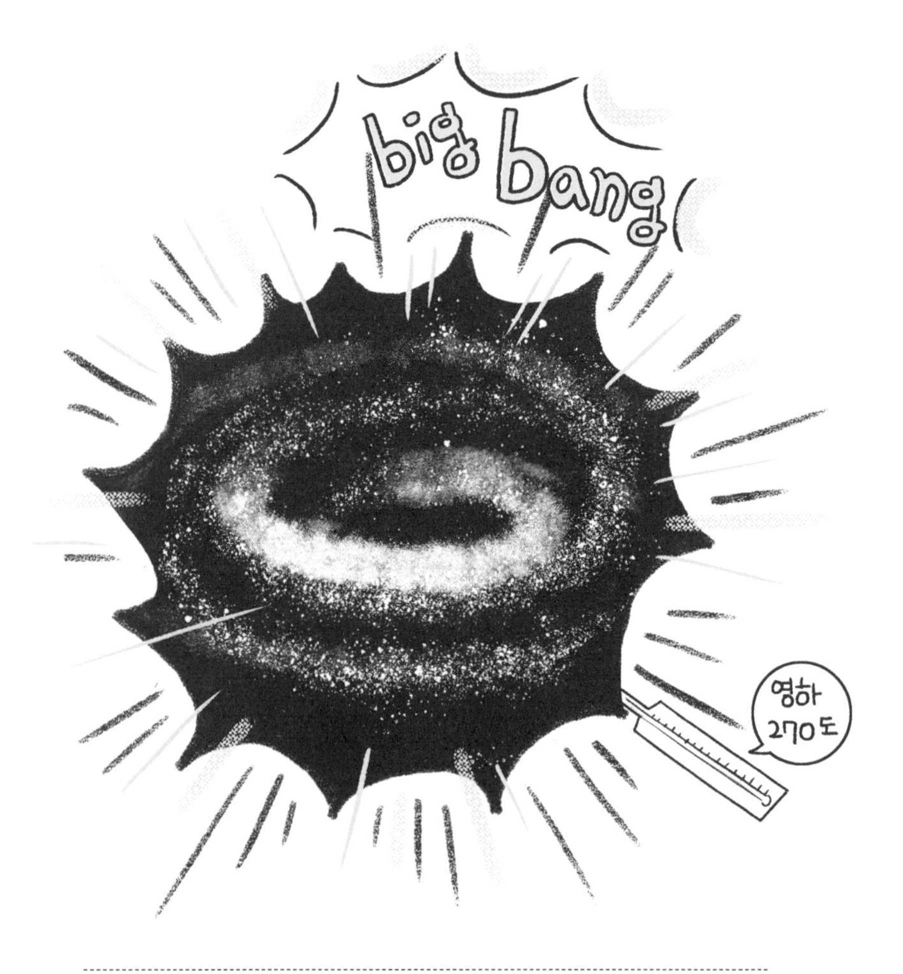

이 바로 '우주 배경 복사'였습니다.

우주 배경 복사는 우주 전체에 퍼져 있는 에너지를 뜻해요. 인덕션으로 물을 팔팔 끓인 다음 전원을 꺼도 한동안 잔열이 남아 있는 것처럼, 만약 태초의 우주가 아주 뜨거웠다면 시간이 지나 식었어도 잔열이 남아 있을 거예요. 빅뱅 우주론은 아주 뜨거운 점에서 대폭발과 함께 급속도로 팽창해서 지금의 우주가 되었다고 주장하기 때문에, 이때 나온 빛과 열이 우주 공간을 가득 메워야 합니다. 하지만 시간이 지나 우주가 팽창하면서 우주 공간에 가득 찬 빛과 열은 점점 에너지가 낮아지며 식어 갑니다.

그래서 지금은 온도가 절대 온도 약 2.7도(약 영하 270도) 정도인 빛이 희미하게나마 우주를 채우고 있습니다. 이 빛이 우주 배경 복사이지요. 우주 배경 복사는 빅뱅 우주론이 맞는다면 반드시 있어야 하는 빛이지만, 정상 우주론이 맞는다면 존재할 수 없는 빛입니다.

» 우주 배경 복사 관측과 « 빅뱅 우주론의 승리

우주 배경 복사의 현재 온도가 너무 낮다 보니 한동안 천문학자들은 우주 배경 복사를 제대로 관측하지 못했습니다. 기술적인 어려움이 컸지요. 하지만 1965년 미국의 벨 연구소와 프린스턴 대학교 연구 팀이 통신 기기를 개조한 전파 망원경으로 우주 배경 복사를 검출하는 데 성공합니다. 모든 방향에서 언제나 들어오는 잡음 같은 전파 신호가 있었는데, 이 신호가 알고 보니 우주 배경 복사였던 거예요. 벨 연구소에서 이 신호를 발견한 사람들은 처음에는 우주 배경 복사인 줄 몰랐다고 합니다. 하지만 다행히도 우주 배경 복사를 연구하던 팀이 가까운 프린스턴 대학교에 있었기 때문에, 그 신호가 우주 배경 복사라는 사실을 놓치지 않고 발표할 수 있었지요.

우주 배경 복사는 존재 그 자체만으로도 빅뱅 우주론의 승리를 의미했습니다. 태초의 우주는 실제로 엄청난 고온 고압의 상태였다는 사실이 증명된 거지요. 프레드 호일의 빈정거림이 마치 예언처럼 맞아 들어갔던 겁니다. 결국 정상 우주론은 힘을 잃었고 빅뱅 우주론이 정설로 남게 되었어요. 세상 만물이 만들어지는 과정이라기에는 생각보다 허무한 느낌도 들지만, 태초의 우주는 정말로 펑! 하고 큰 폭발을 일으키며 시작되었어요. 이후 빛과 물질이 끈적끈적하게 붙어서 끓고 있는 수프 같은 상태의 우주가 지속되다가, 마침내 팽창하는 우주에서 수프가 식자 빛이 우주 공간을 신나게 가로지른 거죠. 우주 배경 복사를 관측했다는 건 이 빛을 찾아냈다는 걸 의미했습니다.

빅뱅이 있기 전에는 무엇이 있었을까요? 빅뱅 우주론을 접하다 보면 자연스레 떠오르는 질문이지요. 우선 천문학에서 정의하는 시간의 개념은 빅뱅과 함께 시작된 거예요. 그러니 '빅뱅 이전'이라는 말은 애초에 과학적으로 성립하지 못합니다. 과학을 통해서는 답할 수 없는 질문이라는 의미지요. 물론 빅뱅이 일어나게 된 원인이 있었을 수도 있겠으나, 단지 추측만 할 수 있을 뿐 현재는 거기까지 알아낼 수 있는 방법이 없답니다.

우주 배경 복사는 사실 빅뱅 우주론의 손을 들어준 정도에서 멈추지 않았어요. 우주 배경 복사의 빛은 위치에 따라 미세하게 온도 차이가 있었습니다. 이 온도 차이는 우주가 식어서 빛이 막 출발했던 지점의 수프 상태를 알려 주는 지표였어요. 우주 배경 복사의 미세한 온도 변화를 더 정밀하게 측정하기 위해 천문학자들은 우주에 코비 위성(1989년), 더블유맵 위성(2001년), 플랑크 위성(2009년) 등의 위성을 띄워 관측 자료를 얻었습니다. 그리고 이 위성들의 활약 덕택에 오늘날 우리는 우주의 나이, 밀도, 팽창 속도 등 많은 것을 새롭게 알게 된 거예요.

34

미래에 우주는 어떻게 될까?

펑! 하고 폭발하며 시작되어 지금도 팽창하고 있는 우주! 과연 미래에는 어떻게 될까요? 이제 우리는 어디에서 와서 어디로 가는지에 대한 궁극적인 대답을 따라가 볼 차례예요.

우주의 미래에 대한 시나리오는 크게 두 가지로 나눠 볼 수 있습니다. 현재 우주가 팽창하고 있다는 사실은 명백하니 앞으로 이 팽창의 속도가 빨라질 것인지, 느려질 것인지에 따라 생각해 볼 수 있겠지요. 팽창의 속도가 빨라진다면 우주가 영원히 팽창하는 건 물론 먼 미래에는 천체들 사이의 거리도 닿을 수 없을 만큼 멀어질 겁니다. 반대로 우주가 팽창하는 속도가 점점 느려진다면 언젠가는 우주에 있는 물질의 자체 중력으로 인해 다시 수축하는 시점이 올 수도 있어요.

이러한 미래 시나리오를 예측하려면 어떤 관측을 수행해야 할까요? 우리가 역사를 배우는 이유가 과거를 통해 현재를 이해하고 미래를 대비하기 위해서인 것처럼, 우주의 미래를 알기 위해서는 우주의 과거부터 엿보아야 합니다. 즉, 과거에 우주는 어떤 속도로 팽창해 왔는지를 알아내면 되겠지요. 먼 우주는 우리가 그만큼 과거의 시점을 보고 있는 것이기 때문에, 결국 먼 우주의 천체들을 통해 과거의 팽창 속도를 알아내는 것이 관건입니다.

》 암흑 에너지가 우주를 《 점점 빠르게 팽창시킨다?

먼 우주의 천체를 연구할 때 가장 중요한 것은 거리와 속도입니다. 거리를 잴 때는 우주 거리 사다리를 구성하는 수많은 거리 측정 방법이 이용됩니다. 특히 수십억 광년 너머의 먼 우주를 볼 때는 초신성 Ia형의 밝기를 통해 거리를 측정하지요. 그리고 속도를 잴 때는 분광 스펙트럼을 통해 적색 이동이 어느 정도인지를 측정합니다. 이렇게 가까운 우주로부터 먼 우주까지 초신성 Ia형을 포함한 은하들의 거리 및 속도를 파악하면, 과거에서 현재까지의 우주 팽창 속도 변화를 알아낼 수 있지요.

사실 얼핏 생각하기로는 대폭발이 일어나고 우주가 막 팽창하던 시기보다는 지금이 팽창 속도가 느려지는 것이 자연스러워 보여요. 왜냐하면 우주의 물질은 서로 끌어당기는 중력이 작용하니까 팽창을 하다가도 점점 속도가 느려질 것만 같은 거지요. 그런데 1998년에 발표된 연구 결과는 이 예상을 완전히 뒤엎었습니다. 초신성 Ia형을 지닌 은하들을 모아서 팽창 속도를 측정해 보았더니 과거에서 현재로 올수록 오히려 팽창 속도가 빨라지고 있었던 거지요. 다시 말해서 우주는 '가속 팽창'을 하고 있었습니다. 이때의 연구 팀은 우주의 가속 팽창을 발견한 공로로 2011년에 노벨 물리학상을 받기도 했어요.

예상 밖의 결과는 모든 천문학자들을 당황시켰습니다. 우주의 팽창 속도가 점점 빨라지려면 분명히 그렇게 만드는 힘이나 에너지가 있어야만 합니다. 그런데 지금은 그 정체를 모르겠으니 '암흑 에너지'라고 이름 붙이게 되었습니다. 우주 공간 자체가 지닌 에너지인데 중력과는 반대로 서로를 밀어내는 역할을 하는 에너지지요.

암흑 에너지 때문에 우주가 계속해서 가속 팽창을 한다면, 미래에도 우주는 영원히 팽창할 가능성이 높습니다. 그것도 점점 더 빨리요. 그러면 아득히 먼 미래에는 은하와 은하 사이, 별과 별 사이도 점점 우주 팽창의 영향을 받게 되겠지요. 그러다 보면 빛조차도 팽창하는 우주 공간의 크기를 따라잡지 못해서 온통 암흑 세계가 되어 버릴지도 모릅니다. 물론 상상조차 할 수 없을 만큼 긴 시간이 흘러야 그렇게 되겠지만, 그래도 왠지 우주의 미래가 너무 쓸쓸하고 어둡다는 생각도 들어요. 물론 우리는 아직 암흑 에너지의 정체를 모르기 때문에 우주가 계속해서 가속 팽창을 유지할 것인지도 확신할 수는 없습니다. 우주의 가속 팽창 발견처럼, 아무도 예상하지 못한 변화가 어딘가 또 있을지도 모르니까요. 앞으로의 관측 연구는 과연 어떤 우주의 미래를 그려 줄까요?

조르주 르메트르(1894.7.17-1966.6.20)

조르주 르메트르는 벨기에에서
4남매 중 장남으로 태어났다.
첫째

17세에 뢰번 가톨릭 대학교에서 토목
공학을 공부했다. 1914년 제1차 세계
대전이 일어나자 군대에 들어가
포병 장교로 복무했다.
쾅

전쟁이 끝난 후 케임브리지 대학교 천문학 연구원이 되었고,
이후 매사추세츠 공과 대학교에서 박사 학위를 받았다.
과학과 종교는
충돌하지 않습니다.
아멘!
독실한 가톨릭 신자였던
르메트르는 1923년
사제 서품을 받았다.

1927년, <브뤼셀 과학 학회 연보>에 성운들의
후퇴가 우주의 팽창 때문이라는 것을 발표했다.
우주는 극도로 뜨거운
상태에서 팽창했어!
계산!
계산!

1929년, 허블은 외부은하의 후퇴 속도는
거리에 비례하여 빨라진다는 법칙을 발표하며
우주가 팽창한다고 주장했다.
르메트르가 먼저 주장했지만
허블의 인지도가 훨씬 높았기 때문에
우주의 팽창을 주장한 법칙은
'허블의 법칙'으로만 남아 있었다.

7장

우주를 눈에 담는 우리

35

천문학의 흐름을 바꾼 숨은 공신들은 ?

이름이 널리 알려지고 교과서에 나오는 천문학자들만 중요한 것이 아닙니다. 수많은 사람의 연구 결실이 쌓여서 천문학이 지금처럼 발전할 수 있었습니다. 천문학의 흐름을 바꾼 숨은 공신들에는 누가 있을까요?

모든 현대 과학이 그렇지만, 천문학도 마찬가지로 혼자서 갑자기 '유레카!' 하며 엄청난 발견을 하거나 심오한 법칙을 써 내려간다거나 하는 일은 거의 없어요. 연구 업적은 항상 과거의 학자들이 쌓아 뒀던 지식을 바탕으로 그 위에서 한 걸음씩 더 나아가는 거니까요. 그래서 보잘것없어 보이는 조그만 연구 과제라 해서, 당장 대단한 성과가 나오지 않는다고 해서 중요하지 않다고 이야기할 수는 없습니다. 마찬가지로 이름이 널리 알려질 정도의 업적을 세우지 못했거나 노벨상을 받지 못했던 천문학자라고 별 볼 일 없는 연구자로 취급한다면 매우 잘못된 생각이에요. 스포츠 경기에서도 짜릿한 홈런을 날리거나 멋진 골을 뽑아내는 선수만이 중요한 사람은 아닌 것처럼 말이죠.

》 유리 천장을 깨부순 《 여성 천문학자들

불과 한 세기 전만 하더라도 여성 천문학자는 거의 찾아볼 수 없었어요. 당시 여성들은 고등 교육을 제대로 받기 어려워서 사회 진출 자체도 쉽지 않았기 때문이지요. 그래서 여성들은 주로 단순한 서류 정리나 계산 노동 등의 보조 업무들을 담당했습니다. 하지만 그 보조 업무가 사실은 미래 우주론의 역사를 새로 쓸 중요한 작업이 될 줄 누가 알았을까요?

1881년 하버드 대학교 천문대의 대장이었던 에드워드 피커링은 쏟아지던 천문 관측 자료에 고심이 깊어졌습니다. 수많은 별을 관측하여 얻은 영상과 스펙트럼 자료가 넘치는데 이를 제대로 소화할 수 없었던 거예요. 연구 인력이 더 늘어야 자료들을 효과적으로 처리하여 연구를 진행할 수 있는데, 그럴 만한 예산이 부족했어요. 그래서 피커링은 당시 가정부로 일하던 윌리어미나 플레밍을 천문대 직원으로 고용했습니다. 플레밍이 맡은 업무는 별의 밝기를 계산하고 스펙트럼의 모양을 분류하거나 연구 기록물을 출판 및 편집하는 일이었습니다. 전문 지식을 그리 깊이 알지 못해도 충분히 수행할 수 있는 일이었지요.

그런데 플레밍이 생각보다 맡은 업무를 너무 잘 수행했던 거예요. 플레밍은 2만 개가 넘는 별의 분광 자료 대부분을 분류해서 별의 분광형 분류 체계를 만드는 데 크게 기여했습니다. 뛰어난 능력을 발휘하는 모습을 지켜본 피커링은 여성 천문학자들을 대거 고용하기 시작합니다. 그래서 하버드 대학교 천문대에는 여성 천문학자들로 이루어진 연구 팀이 생기기에 이르렀어요. 단순한 계산 노동자라는 뜻에서 '컴퓨터'라고 불리기도 했지요.

이 하버드 컴퓨터 팀은 주로 별의 분광형을 분류하여 목록으로 정리하거나 별의 밝기 변화를 측정해 변광성을 분류하는 작업을 맡았습니다. 이 과정에서 뛰어난 여성 천문학자들이 탄생했지요. 메리 드레이퍼, 애니 점프 캐넌, 플로렌스 쿠시먼 등의 여성 천문학자들은 피커링과 함께 수십만 개의 별을 목록화하는 일에 큰 공을 세웠지요. 이렇게 정리된 '하버드 별 분류 체계'는 오늘날까지도 교과서에 등장하는 기본적인 별의 분광형 분류법이 되었습

능력자!
여성을 고용하자!

하버드 별 분류 체계를 만든 사람들

니다.

컴퓨터 팀의 또 다른 일원이었던 헨리에타 리비트는 1912년 세페이드 변광성의 주기-광도 관계를 밝혀냈어요. 이 주기-광도 관계는 멀리 있는 별의 거리를 측정할 수 있는 방법이었는데, 인류의 우주관을 뒤바꿔 놓는 데도 결정적인 역할을 했습니다. 안드로메다은하까지의 거리를 측정해 외부은하의 존재를 밝히는 데 쓰였기 때문이죠. 만약 리비트의 노력이 없었더라면 우리가 아는 우주의 범위가 넓어지는 데 더 오랜 시간이 걸렸을 거예요.

1925년 태양과 별의 분광 자료들을 분석하던 세실리아 페인은 태양의 90퍼센트 이상이 수소로 이루어져 있다는 사실을 처음으로 밝혀냈습니다. 당시에만 해도 태양의 구성 성분이 지구와 동일하다는 통념이 있었기 때문에 그러한 주장은 동료 천문학자들의 지지를 받지 못했지요. 하지만 얼마 못 가서 페인의 주장은 사실로 밝혀지고 그 업적을 인정받게 됩니다. 페인의 발견으로 인해 태양을 비롯한 별의 내부에서 수소 핵융합 반응이 일어나면서 빛을 낼 수 있다는 가능성이 연구되기 시작했어요. 오늘날 우리가 별이 어떻게 빛을 내는지 알 수 있게 된 데에는 페인의 숨은 공로가 있었던 셈이지요. 이후 계속해서 연구 업적을 쌓아 갔던 페인은 1956년 하버드 대학교에서 여성 천문학자로서는 최초로 정교수로 임용되기에 이릅니다. 당시의 유리 천장을 깨고 나와 후대의 여성 천문학자들에게도 좋은 본보기가 되었던 셈이죠.

》 허블의 그림자에 가려진 《 천문학자들

현대 천문학에서 에드윈 허블은 외부은하의 존재와 우주 팽창을 처음으로 밝힌 천문학자로서 널리 알려져 있습니다. 하지만 허블의 업적 또한 대부분 이미 먼저 발표했던 사람들이 있었기에 가능했어요. 허블이 이러한 선행 연구들을 제대로 인용하지 않았던 데다, 워낙 사람들의 주목을 끄는 데 능했기 때문에 이름이 널리 알려졌을 뿐이에요.

안드로메다은하의 거리를 처음으로 측정한 사람은 에스토니아의 에른스트 외픽이었습니다. 허블보다 앞선 1922년 외픽은 안드로메다은하에 있는 별들이 얼마나 빠르게 움직이는지를 통해 안드로메다은하까지의 거리를 약 150만 광년으로 계산했어요. 이는 허블이 측정한 90만 광년보다 현재의 거리 측정값(250만 광년)과 더 가까운 값입니다. 허블은 그보다 늦은 1924년에 학술지가 아닌 언론을 통해 먼저 본인의 연구를 발표했습니다. 그러면서 외부은하의 시대가 시작됐죠.

이후 허블은 거리가 먼 외부은하일수록 더욱 빠르게 멀어진다는 관측 사실을 통해 우주가 팽창하고 있다고 발표합니다. 우리에게 '허블의 법칙'으로 알려졌던 우주 팽창의 진실이었지요. 하지만 이 역시도 베스토 슬라이퍼, 크누트 룬드마크, 칼 워츠와 같은 관측 천문학자들이 이미 분광 관측 결과를 통해 은하의 거리와 멀어지는 속도 사이의 상관관계를 밝힌 바 있었습니다. 이를 통해

1927년에는 벨기에의 천문학자 조르주 르메트르가 허블보다 먼저 팽창하는 우주를 주장하기도 했고요. 하지만 허블의 인지도가 훨씬 높았기 때문에 한동안 우주의 팽창을 주장한 법칙은 '허블의 법칙'으로만 남아 있었습니다. 2018년에야 국제 천문 연맹 총회에서 '허블의 법칙'을 '허블-르메트르의 법칙'으로 수정하여 부르기로 했지요.

천문학만 그런 것은 아니겠지만 어떤 연구 업적이든 이름이 알려진 유명한 사람만 중요한 것은 아닙니다. 뛰어난 발견도 그 그림자 뒤에서 보조 업무나 잡일처럼 보이는 조그만 연구들을 열심히 하는 사람들이 있었기에 가능한 일입니다. 현재 각 연구실에서 연구원이나 대학원생, 인턴으로 일하는 분들 또한 마찬가지예요. 그리고 피커링처럼 이들의 노력을 인정해 주고 마음껏 일할 수 있는 환경을 만들어 주는 리더들의 역할도 중요하지요. 이런 사람들이 진정으로 천문학의 역사를 바꿔 가는 사람들이 아닐까요?

36

보이저호는 왜 골든 레코드를 싣고 떠났을까?

인류 역사상 가장 멀리까지 떠난 인공 물체인 보이저호! 보이저호에는 특별한 레코드가 하나 실려 있습니다. 그저 태양계 행성 탐사만이 목적은 아니었던 거예요. 보이저호의 레코드는 어떤 내용을 담고 있을까요?

"저 별의 친구들에게 인사드립니다. 시간이 우리를 만나게 할 수 있기를."

이 말은 보이저 1, 2호가 싣고 떠난 골든 레코드에 들어 있는 아랍어 인사말이에요. 어디에 있을지 모르는 외계의 생명체에게 우리 인류가 건네는 첫인사이자 언젠가 그들과 닿기를 바라는 마음이 들어 있지요. 1977년 발사되었던 보이저 1, 2호에는 지름 30센티미터 정도의 구리판에 금박을 입힌 '골든 레코드'가 실렸습니

다. 골든 레코드는 외계 생명체에게 지구와 인류를 소개하는 여러 정보를 담고 있지요. 55개의 언어로 된 인사말, 인간의 신체, 자연의 소리와 사진들, 베토벤이나 바흐의 연주곡과 세계 각지의 전통 음악 등이 소개되어 있답니다. 그야말로 인류의 문화와 지구의 자연을 모두 집약해 놓은 장문의 편지라고나 할까요?

보이저호는 장비의 노후화나 전력 부족 등의 문제로 지구와의 교신이 10년 안에 영원히 끊길 가능성이 높습니다. 그래도 보이저호는 계속 달릴 테고, 골든 레코드도 수명이 10억 년 정도는 되리라고 예상돼요. 아마 우리가 우주로 띄운 편지도 기나긴 시간 동안 어딘가로 전송 중이겠지요.

» 우주 공통의 언어로 « 쓰인 편지

골든 레코드에 담긴 정보들은 우주 공통의 언어로 쓰였습니다. 미래에 보이저호를 발견할 외계 생명체들이 해독할 수 있어야 하니까요. 그 언어는 바로 수학과 과학이에요. 지구든 몇만 광년 떨어진 외계 행성이든 빛의 속도나 우주 팽창의 원리 같은 건 바뀌지 않으니까요.

골든 레코드 뒷면에는 여러 기호가 가득합니다. 이 기호들은 낯선 생명체에게 숫자와 함께 레코드의 재생 방법과 지구의 위치 등을 알려 주는 역할을 해요. 숫자는 0과 1을 이용한 간단한 이진법 체계로 되어 있습니다. 그 이진법 숫자들을 활용해 우리가 쓰는 시간과 거리의 단위도 설명합니다. 이때는 우주에서 가장 흔한 원소인 수소 원자를 활용해요. 수소 원자는 양성자 하나와 전자 하나로 구성되는데, 이 양성자와 전자의 상호 작용으로 특정한 에너지의 빛을 냅니다. 이 빛의 파장은 약 21센티미터이고 주기가 0.704나노초로 정해져 있기 때문에, 이를 통해서 시간과 거리의 단위를 나타내지요. 이러한 표기를 이용해서 골든 레코드를 어느 정도 속도로 돌리면 재생되는지, 총 재생 시간은 어느 정도인지, 어떤 주파수의 신호를 이용하면 영상을 볼 수 있는지 등을 표시하고 있습니다.

또한 우리 주변의 '펄서'라는 천체들과의 상대적인 위치를 이용해 지도처럼 지구와 태양계의 위치를 표시하였습니다. 펄서는 초신성 폭발을 일으키고 중심부에 남은 조그만 중성자별인데, 빠르게 회전하면서 고유한 주기를 갖고 전파 신호를 보내는 특성이 있어요. 이 주기는 거의 밀리초(0.001초) 단위로 매우 정확합니다. 그러니 신호 주기와 위치를 표시하면 어떤 펄서인지 특정할 수 있고, 그 펄서들과 비교해 지구와 태양계의 위치를 표시해 두면 우리가 어디 있는지 알 수도 있겠지요.

》정말 외계 지적 생명체를《 만날 수 있을까?

골든 레코드가 정말 누군가에 의해 해독되는 날이 올까요? 그러기 위해서는 골든 레코드가 그냥 외계 생명체가 아니라 인류 수준의 사고력과 기술력을 갖춘 고등 지적 생명체에 의해 발견되어야 해요. 아무리 우주 공통의 언어로 자세한 정보들을 담아냈다고 해도, 고양이에게 레코드를 주면 그저 먹지도 못하는 금색 장난감에 불과하듯이 말이죠.

하지만 지금까지 수천 개의 외계 행성을 발견하고 곳곳으로 인류의 메시지를 담은 전파를 쏘아 보냈지만, 외계 지적 생명체가 있다는 증거는 찾지 못했습니다. 실제로 인류는 보이저호의 레코드 말고도 '세티(SETI: 외계 지적 생명체 탐사) 프로젝트'를 추진하면서 전파 신호를 보내고 외계에서 오는 전파를 수신해 분석하는 작업을 진행하고 있어요.

2008년에는 비틀즈의 〈Across the Universe〉라는 곡을 담아 북극성 방향으로 쏘기도 했지요. 하지만 지적 생명체가 어딘가에 있다고 해도 빛의 속도로도 오랜 시간이 걸릴 정도로 멀리 있거나, 안테나 방향이 안 맞아서 전파 신호가 무의미한 노이즈(잡음)로 흘러가는 등 세티 프로젝트가 우리의 의도대로 되지 않을 경우의 수는 매우 많습니다.

전파 신호도 이런데 그보다 만 배쯤 느린 보이저호는 오죽할까요. 아쉽게도 골든 레코드가 정말 외계인을 만나 제 기능을 다 할 가능성은 아주 낮다고 볼 수 있습니다. 태양계 밖에서 가장 가까운 별까지도 4만 년이 걸리니, 외계 지적 생명체가 있는 행성에 도달하기까지도 억겁의 세월이 필요하지요. 근처에 도달한다고 해도 그들이 보이저호를 꼭 발견하리라는 보장도 없습니다. 게다가 오랜 시간 뒤에 기껏 발견되었는데 그냥 우주 쓰레기가 되거나 위험한 물체라고 바로 파괴당해 버릴 수도 있고요.

그럼에도 불구하고 골든 레코드가 의미 있는 이유는 '창백한 푸른 점' 사진의 의미와 같습니다. 동서양과 민족, 인종, 성별을 막론하고 인류의 문화 자산을 골고루 모으고, 삶의 터전인 지구와 태양계를 소개하려는 노력이 지구에 사는 사람들을 하나로 묶어 줄 수 있기 때문이에요. 미래의 외계인에게 친절한 인사를 건네고 언젠가 만날 수 있기를 바란다는 메시지를 주는 것 또한 평화를 사랑하고 서로 공존하는 인류의 모습을 바라기 때문일 겁니다. 당장의 이익에만 몰두해서 싸움과 파괴를 일삼지 말고, 하나뿐인 지구에 자리 잡은 다 같은 사람들이라는 점을 상기시키는 거예요. 이것이 보이저호가 골든 레코드를 싣고 떠난 진정한 이유가 아닐까요?

37

중력파의 울림은 무엇을 전해 줄까?

우주에서 전해지는 파동은 빛만 있는 것이 아닙니다. 한동안 이론상의 파동이었지만 최근 실제로 검출까지 성공했던 중력파도 있지요. 중력파는 어떤 파동이고, 앞으로 얼마나 더 자주 관측될까요?

지난 6월, 북미 나노헤르츠 중력파 관측소(North American Nanohertz Observatory for Gravitational Waves; NANOGrav)에서는 처음으로 '배경 중력파'에 대한 관측 증거를 찾았다고 발표했습니다. 배경 중력파의 개념은 우주 배경 복사와 비슷해요. 우주 공간 전체에 퍼져 있는 파동의 흔적인데, 우주 배경 복사와 다른 점은 그 파동이 빛이 아니라 중력파라는 점이지요.

중력파는 질량을 지닌 물체가 가속 운동을 할 때 우주 시공간에 일어나는 파동입니다. 1916년 아인슈타인은 일반 상대성 이론을 통해 중력파의 존재를 예견한 바 있어요. 일반 상대성 이론은 중력을 우주 시공간이 휘어진 정도로 표현했습니다. 우주 시공간을 커다란 해먹 침대에 비유해 보겠습니다. 만약 해먹 위에 아무것도 없다면 그냥 자연스럽게 매달려 있을 거예요. 그런데 해먹 위에 고양이 한 마리가 올라가 앉으면 그만큼 해먹이 아래로 늘어지겠죠. 고양이가 질량을 가지고 있기 때문이에요. 그렇게 휘어진 해먹에서 만약 장난감 공을 굴린다면, 그 공은 고양이를 중심으로 빙글빙글 돌다가 결국 고양이 쪽으로 쏠려 갈 거예요. 아인슈타인은 중력이 작용하는 원리를 이렇게 설명한 겁니다.

그런데 해먹에서 고양이가 가만히 앉아 있지 않고 굴러오는 공을 쫓아 마구 움직인다면 어떻게 될까요? 해먹이 크게 출렁이면서 파동이 발생할 거예요. 바로 이 파동이 중력파가 발생하는 원리입니다. 질량을 가진 물체가 시공간 상에서 운동을 하면 시공간의 파동이 발생하는 거지요. 이렇게 생각하면 태양의 중력을 받아 돌고 있는 지구에서도, 지구를 돌고 있는 달에서도, 심지어 옆자리 친구 어깨에 손을 얹는 정도의 움직임으로도 중력파가 발생하는 셈입니다.

》블랙홀의 중력파를《 직접 검출한 라이고

하지만 이러한 주장을 펼친 아인슈타인 본인조차도 중력파가 시공간을 진동시키는 정도는 매우 약할 거라고 예상했습니다. 아무리 계산해 봐도 중력파의 세기는 너무 미미해서, 이론적으로 존재는 하지만 인류가 직접 중력파를 검출하기는 어려울 거라고 생각했다고 해요. 지구에서 약 4.3광년 떨어진 프록시마 센타우리 별까지의 거리를 머리카락 한 올의 두께만큼 진동시키는 정도였으니까요. 하지만 지난 2015년 레이저 간섭계 중력파 관측소(LIGO, 이하 라이고)에서는 사상 최초로 중력파 검출에 성공했습니다. 아인슈타인의 이론적 예측이 결국 옳았음이 100년 만에 증명된 셈이었어요.

라이고 간섭계는 L자 모양의 간섭계로 한 변의 길이가 무려 4킬로미터나 되었습니다. 이렇게 거대한 장치에서 레이저를 쏘아서 중력파가 시공간을 흔드는 정도를 측정하려 한 거지요. L자 통로 두 변의 끝부분에서 동시에 빔 프로젝터를 쏴서 영화를 본다고 해 볼까요? 만약 중력파의 영향이 전혀 없다면, 두 빔 프로젝터에서 나온 빛은 완전히 같은 길이의 통로를 지나오기 때문에 스크린에 비춰진 영상이 완벽히 맞물려서 영화를 보는 데 지장이 없어야 할 겁니다. 하지만 시공간이 흔들린다면 L자 모양의 통로를 지나오는 두 빛은 미세하게 이동 거리의 차이가 생깁니다. 그러면 빔 프로젝터에서 나온 두 영상의 싱크가 안 맞으면서 영화 화면이 흔들리거나 시차가 생기거나 하겠지요. 이게 라이고가 중력파를 검출하는 원리였습니다.

이 원리를 이용해 서로 다른 두 개의 라이고 간섭계가 각각 미국 워싱턴주 핸포드와 루이지애나주 리빙스턴에 설치되었습니다. 2015년 9월 14일, 두 라이고 간섭계에서 모두 중력파 신호를 감지하였습니다. 신호가 발생한 곳은 약 13억 광년 떨어진 곳의 블랙홀 두 개였지요. 태양 질량의 36배인 블랙홀과 29배인 블랙홀이 중력에 이끌려 서로를 돌면서 가까워지다가 결국 충돌하여 하나의 블랙홀로 병합된 거예요. 그만큼 시공간을 많이 흔들었던 거죠. 게다가 블랙홀은 빛조차 빠져나오지 못하는 천체이기 때문에, 그동안 두 블랙홀의 충돌과 병합 과정은 이론적으로만 예측되었어요. 하지만 중력파 검출과 함께 블랙홀의 병합까지도 함께 관측에 성공한 셈이 되었지요. 이때의 중력파 신호는 주파수가 소리와도 비슷해서 소리로 변환해서 들을 수도 있습니다. 두 블랙홀이 하나가 되는 소리는 마치 물방울 소리 같기도 하고 휘파람 소리 같기도 했어요. 드디어 인류가 우주를 보는 것뿐만 아니라 중력파를 통해 우주를 들을 수도 있게 된 거죠!

》중력파 천문학 시대의《 개막!

첫 검출 성공 이후 라이고를 비롯한 세계 여러 나라들의 중력파 검출 기기에서는 이미 수십 건 이상의 중력파 신호를 수신했습니다. 덕분에 우주 저편에서 쌍둥이 블랙홀이나 쌍둥이 중성자별이 충돌하는 현상을 엿들을 수 있었지요. 그동안 빛에만 의존해 오던 천문학이었지만, 이제는 중력파를 이용한 새로운 연구 분야가 활짝 열린 거예요.

이제 관건은 중력파 신호를 얼마나 더 많이, 다양하게 잡아내느냐에 있습니다. 빛이 파장대에 따라 다양하게 나뉘는 것처럼, 중력파도 중력파를 내는 현상에 따라 다양한 주파수로 방출돼요. 라이고가 중력파 신호들을 잘 잡아내고는 있지만, 상대적으로 높은 주파수에 해당하는 중력파밖에는 잡아내지 못합니다. 주파수가 높으면 파장이 짧으니, 짧은 간섭계에서만 검출이 되는 거지요. 그래서 은하 중심의 거대 블랙홀들이 내는 중력파는 라이고로는 잡아낼 수가 없지요. 게다가 지상에서는 검출에 방해가 되는 잡음들이 많습니다. 첫 중력파 신호를 검출할 때도 천문학자들이 잡음 제거에 꽤 많은 신경을 써야 했어요.

하지만 우주로 나가서 라이고 같은 모양의 간섭계를 아주 크게 만든다면 그 걱정들은 사라집니다. 유럽 우주국에서 계획하는 '리사(LISA)'가 바로 그 해결사가 될 전망이에요. L자 한 변의 길이를 무려 250만 킬로미터로 아주 길게 만들어서 수신 가능한 주파수 범위를 넓히고 잡음을 줄일 계획이지요. 2037년에 가동 예정이라고 하는데, 이미 2016년에 축소 모형인 '리사 패스파인더'를 통해 기술적으로 가능하다는 것이 확인된 상황입니다. 리사 우주 간섭계는 거대 블랙홀이나 은하들의 운동으로 인한 중력파까지

수신할 수 있을 거예요.

앞서 북미 나노헤르츠 중력파 관측소 팀이 관측한 배경 중력파 또한 앞으로의 연구 대상입니다. 배경 중력파는 주파수가 너무 낮고 파장이 몇 광년 정도로 아주 길어서, 리사로도 검출하기가 힘든 중력파예요. 그래서 이 경우에는 라이고나 리사처럼 중력파를 직접 검출하는 게 아니라, 우주에서 규칙적으로 빔 프로젝터를 쏴 주는 천체를 이용했습니다. 보이저호의 골든 레코드에도 나온 펄서예요. 서로 수천 광년 정도 떨어진 수십 개의 펄서들을 계속 관측하면서 주기가 어떻게 변화하는지를 살펴본 겁니다. 그러다가 펄서의 신호 주기가 미세하게 바뀌면 그만큼 시공간이 출렁이는 정도를 추정할 수 있지요. 사실 배경 중력파는 아직도 어떻게 생겨났는지 정확히 알 수는 없어요. 다만 우주의 생성 초기에 거대한 블랙홀들이 서로 뭉치면서 발생했으리라 추측되는 정도입니다.

한 세기에 걸친 천문학자들의 노력은 기어이 중력파를 직접 검출하는 데 성공하기에 이르렀어요. 아마 새롭게 열린 중력파 천문학의 시대는 더욱 다양한 천체의 좌충우돌과 우주 초기의 이야기까지도 엿들을 수 있는 기회가 되지 않을까 싶습니다.

38

천문학자들이 코딩하느라 바쁘다고?

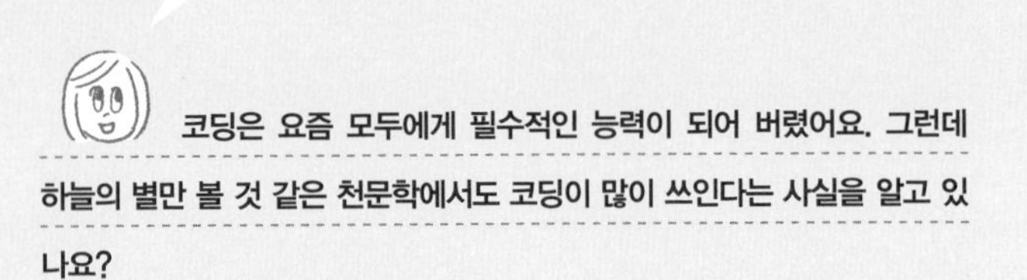

코딩은 요즘 모두에게 필수적인 능력이 되어 버렸어요. 그런데 하늘의 별만 볼 것 같은 천문학에서도 코딩이 많이 쓰인다는 사실을 알고 있나요?

천문학자들은 별 보러 다니냐는 이야기를 가장 많이 들어요. 하지만 요즘은 천문학자들이 하는 일도 기업의 데이터 분석가나 프로그램 개발자들이 하는 일과 크게 다르지 않답니다. 자료를 분석하고 필요한 그림을 그리거나, 자료를 처리하는 프로그램을 만들거나, 쌓여 있는 자료들을 모아서 가공하는 등의 일을 하는 데 프로그래밍 언어를 활용해 코딩을 하기 때문이죠. 그래서 천문학자들은 코딩하느라 거의 대부분의 시간을 보내요. 이러한 경험을 살려서 천문학 외의 분야로 진출하기도 하지요.

》 우주를 재현하는 《 시뮬레이션

천문학은 생물학이나 화학 실험과는 달리 우주를 대상으로 하기에 실험실 단위의 재현이 불가능합니다. 은하의 형성 과정을 재현하기에는 지구 자체가 너무 작은 실험실이니까요. 이런 우주 단위의 실험을 가상 현실처럼 재현해 주는 것이 시뮬레이션입니다. 당연하게도 시뮬레이션을 구현하려면 우리가 알고 있는 천문학 이론과 물리 법칙을 컴퓨터 안에서 프로그래밍 언어를 통해 재현해야 하지요. 주로 연산 속도가 빠른 C 언어나 포트란(Fortran) 등을 이용하지만, 그래도 고려할 요소가 너무 많아 계산하는 데 몇 주에서 몇 개월씩 걸리기도 해요.

시뮬레이션을 통해 천문학에서는 이론과 관측 결과를 비교하며 차이점에 대해 논의합니다. 수십억 년 전 태양계의 천체들은 어떤 모습이었을지, 은하들이 서로 충돌하고 병합하면 그 과정에서 별이나 가스 분포는 어떻게 변할지, 현대 우주론에서 예측하는 은하들의 분포는 어떤 모양일지 등을 시뮬레이션 결과를 참고하며 연구를 진행하죠. 시뮬레이션의 대표적인 예로는 수억 광년 규모의 우주를 다양한 시기에 따라 재현해 둔 '일러스트리스-TNG(Illustris-TNG)'나, 우리나라에서 진행한 세계 최대 규모의 우주 시뮬레이션 '호라이즌 런(Horizon Run)' 등을 들 수가 있어요.

》천문학에도《 인공 지능이 쓰인다고?

인공 지능과 기계 학습은 이제 일상의 다양한 영역에 침투하고 있습니다. 천문학도 예외는 아닙니다. 연구에서도 인공 지능을 활용하거나 기계 학습을 시키려면 코딩 능력은 필수적입니다. 여기서는 주로 널리 쓰이는 언어가 파이썬(Python)이지요. 요즘은 처리하고 분석해야 할 천문학 연구 자료가 쏟아지는 시대이다 보니 모든 작업을 사람의 손으로 하기가 힘들어졌어요. 그래서 인공 지능은 주로 자료의 분석이나 사람이 일일이 수행하기에는 오차가 커질 수 있는 부분에 활용됩니다.

가장 많이 활용되는 영역은 은하 연구예요. 은하의 모양을 분류하는 작업은 거의 100년 전부터 이어져 오던 일입니다. 그동안 계속 사람의 눈을 통해 모양을 분류해 왔지만, 시간이 지나면서 분류 체계도 복잡해지고 은하의 개수가 너무 많아져서 사람들이 일정한 기준을 가지고 분류하기가 힘들어졌어요. 그래서 천문학자들은 은하의 영상 자료를 모아서 인공 지능에 학습을 시킨 다음, 엄청나게 많은 개수의 은하들을 분류하고 그걸 바탕으로 은하의 성질을 연구하고 있습니다. 물론 은하 말고도 변광성, 초신성, 소행성 등을 찾아내는 데도 자주 이용됩니다.

인공 지능은 영상이나 스펙트럼의 모의 자료를 만드는 데도 활용됩니다. 이미 확보하고 있는 고화질 자료들을 저화질로 낮춰서 학습시킨 다음, 새로운 저화질 자료가 있을 때 인공 지능이 고화질로 바꿔 주는 식으로 진행하곤 하지요. 얼핏 보면 뭔가 사기꾼 같은 기술이긴 하지만 실제로도 여러 곳에서 진행하고 있는 연구예요. 물론 고화질로 바꾸는 인공 지능이 있으니 더 이상 좋은 망원경은 필요 없다는 그런 의도가 아니라, 앞으로 관측이 예정된 새로운 망원경이나 기기의 성능을 미리 테스트하는 데 쓰이는 거지요. 관측의 학문인 천문학이지만 이렇게 최신 분석 기법들도 다양한 영역에 활용되고 있답니다.

39

제임스 웹 우주 망원경이 최고인 이유는?

2021년 크리스마스 날 발사된 제임스 웹 우주 망원경은 2022년 여름에 첫 연구용 관측 사진을 보내오며 성공을 알렸어요. 이후 수많은 천문학자들에게 연구 자료를 제공해 주고 있답니다. 제임스 웹 우주 망원경은 어떤 면에서 최고의 우주 망원경이 되었을까요?

2022년 7월 11일, 제임스 웹 우주 망원경의 연구용 관측 자료 공개를 하루 앞두고 진행된 온라인 프리뷰 행사가 열렸습니다. 제임스 웹 우주 망원경이 촬영해서 보내온 휘황찬란한 은하단 사진 한 장이 조 바이든 미국 대통령 앞에 펼쳐졌지요. 46억 광년 떨어진 거리에 있는 'SMACS 0723.3-7327' 은하단의 사진이었습니다. 바이든 대통령은 멋진 은하단 사진을 띄워 놓고 오늘은 역사적인 날이라며 제임스 웹 우주 망원경의 성공을 축하했습니다. 천문학의 역사에 길이 남을 새로운 우주 망원경의 시대가 활짝 열린 날이었어요.

제임스 웹 우주 망원경은 기획하고 준비해서 발사하는 데만 20년 가까이 걸렸어요. 중간에 예산이나 기술적인 문제로 여러 번 발사를 연기해야 하는 어려움도 겪었지요. 그 어려움을 이겨내고 정상적으로 관측을 수행하여 우리에게 사진을 보내온 만큼 모두가 찬사를 보낼 수밖에 없었어요.

》새로운 적외선 우주 망원경의《 난관들

제임스 웹 우주 망원경은 허블 우주 망원경(1990년~)과 스피처 우주 망원경(2003~2020년)의 계보를 잇는 신세대 우주 망원경입니다. 허블 우주 망원경이 뛰어난 관측 성능을 자랑하며 우주 곳곳을 선명하게 담는 대성공을 거두자 1990년대 중반부터 차세대 우주 망원경이 논의되기 시작했어요. 새 우주 망원경은 나사의 전

국장이자 아폴로 달 탐사 임무를 이끌었던 제임스 에드윈 웹의 이름을 따 '제임스 웹 우주 망원경'으로 불리며 추진되었지요.

제임스 웹 우주 망원경은 가시광선보다는 적외선에 초점을 맞췄습니다. 먼 우주에 있는 천체들을 자세히 관측하기 위해서였어요. 먼 우주에서 오는 별이나 은하가 보내는 빛은 우주 팽창으로 인한 적색 이동 현상 때문에 우리에게는 적외선 파장대로 도달합니다. 그러니 적외선으로 보면 더 멀리 있는 초기 우주의 천체를 살펴볼 수 있죠. 게다가 적외선처럼 파장이 긴 빛은 파장이 짧은 빛보다 장애물을 더 잘 통과합니다. 가시광선은 두꺼운 성간 물질 구름을 잘 통과하지 못하지만 적외선은 상대적으로 더 잘 통과해요. 그러니 적외선 망원경으로 보면 성간 구름 사이에 가려진 천체들까지 더 자세히 볼 수 있겠지요.

그런데 적외선 영역에서 천체 관측을 하는 건 생각보다 어려운 일이었습니다. 적외선은 열을 지니는 물체에서 많이 방출돼요. 우리 몸에서도 많이 뿜어져 나오고, 지구나 달 자체도 엄청난 적외선을 내뿜는 천체들입니다. 그러니 잡음을 줄이려면 멀리 떨어져야 하는데, 그렇다고 너무 멀리 떨어지면 지구로 관측 자료를 송신하기가 어려워집니다. 그래서 제임스 웹 우주 망원경은 달보다 4배 정도 멀리 떨어진 '라그랑주2(L2)' 지점으로 보내야 했어요. 이 지점은 지구와 거리도 적당하고 다른 천체들의 중력에 휩쓸리지 않을 만큼 역학적으로 안정된 곳이어서, 다른 우주 망원경들도 종종 이용하는 곳이었습니다.

하지만 허블 우주 망원경의 거울(지름 2.4미터)보다 두 배 이상 큰 제임스 웹 우주 망원경의 거울(지름 6.5미터)을 그만큼 먼 곳으로 옮긴다는 건 쉬운 일이 아니었습니다. 그래서 큰 거울을 접어서 로켓에 실어 발사한 다음 L2 지점까지 날아가서 거울을 하나씩 펴기로 했어요. 이러한 시도 자체가 처음이라, 발사한 다음 뭔가 오류가 생기면 수습할 방법이 마땅치 않았어요. 허블 우주 망원경은 지구 상공 약 550킬로미터 가까이 위치해 있어서 고장이 나면 직접 사람이 가서 몇 차례 수리하기도 했지만, 제임스 웹 우주 망원경은 그런 게 불가능했어요.

》"Into the Unknown"《
(미지의 세계로)

그만큼 조그만 실수도 용납할 수 없었기에, 제임스 웹 우주 망원경의 발사는 점검에 또 점검을 거쳐 2021년 크리스마스 날에 날아올랐습니다. 그리고 7개월 뒤 당당히 퍼스트 이미지(첫 연구용 관측 자료)를 보여 줬지요.

제임스 웹 우주 망원경은 퍼스트 이미지 때부터 이미 은하단 외에도 다양한 천체들을 보여 줬습니다. 별의 요람이 되어 주는 '용골자리 성운', 우리 태양의 미래를 보여 주는 '남쪽 고리 성운', 은하들의 화려한 몸짓 '슈테판의 5중주 은하군', 그리고 대기에서 물이 발견된 외계 행성 'WASP-96b' 등이 있었습니다. 천문학자들이 설레어했던 거야 말할 것도 없지만, 그동안 별 관심이 없던 시민들도 완전히 새로운 우주 망원경의 사진에 눈이 사로잡힐 수밖에 없었어요. 과거 1990년대에 허블 우주 망원경이 그랬듯이 말이죠. 실제로 많은 사람의 프로필 사진이나 배경 화면을 장식하기도 했지요.

저는 제임스 웹 우주 망원경이 발사되기 전에 망원경을 소개하는 세미나를 학교에서 접했던 적이 있어요. 그때 세미나의 제목은 'Into the Unknown'이었습니다. 영화 〈겨울왕국 2〉의 유명한 노래가 떠오르기도 하는 이 제목은 제임스 웹 우주 망원경의 역할을 한마디로 표현하기에 최고의 문구라는 생각이 들어요. 오랜 시간 동안 난관을 하나씩 돌파하며 새로운 우주 망원경의 시대를 활짝 연 과학자와 기술자들은 모두 박수를 받아 마땅합니다.

제임스 웹 우주 망원경은 앞으로도 짙은 성간 구름 사이를 투시하며 별의 탄생 순간을 포착하고, 외계 행성들의 대기 성분을 하나씩 알아내고, 아주 멀리 있는 고대의 은하들을 통해 우주의 여명을 찾아 나갈 거예요.

40

천문학과 우주 항공은 어떤 관계일까?

요즘은 천문학과 우주 항공 분야가 많이 분업화됐어요. 두 분야 모두 우주를 다루지만 천문학은 순수한 자연 과학으로 접근한다면, 최근의 우주 항공 분야는 우주 산업이나 공학 기술 쪽으로 발전하고 있지요. 현대에 와서 두 분야는 서로 어떤 관련이 있을까요?

가끔 천문학자들에게 누리호 발사나 인공위성 등에 대해 물어보는 사람들도 있는데, 사실 천문학자들도 우주 항공 쪽을 전문적으로 알지 못하는 경우가 많답니다. 대학교 때부터 공부하는 전공 지식이 다르다 보니 서로의 인력 교류도 많지는 않은 형편이에요. 하지만 원래부터 천문학은 우주 항공과 떼려야 뗄 수 없는 관계였고, 앞으로도 그럴 거랍니다.

》우주 경쟁에서《 우주 협력으로

천문학이 발달하면서 지구에서 태양계, 그리고 우리은하와 외부 은하까지 우리가 아는 우주의 영역은 넓어졌습니다. 우주가 이렇게 넓은데, 지구 안에만 있지 않고 가까운 곳이라도 직접 나가서 더 자세히 탐사해 보고 싶은 호기심이 생길 수밖에 없었을 거예요. 하지만 사람이든 인공 물체든 우주로 직접 보낸다는 건 여간 어려운 일이 아니었어요. 우리는 강한 지구의 중력에 늘 붙잡혀서 살고 있는 데다, 우주로 나갔을 때 중력, 기압, 우주 날씨 변화 등에 제대로 적응하려면 많은 사전 연구도 필요했으니까요. 이러한 문제점을 극복하고 우주로 나가려면 로켓 발사, 위성의 궤도 진입과 자세 제어, 전파 송수신, 방사선 방호, 탐사 기술 등 여러 최첨단 기술이 필요했습니다.

이러한 기술 장벽을 본격적으로 깨기 시작했던 때는 다름 아닌 냉전 시대였어요. 2차 세계 대전 이후 미국과 소련을 중심으로 세계 질서가 형성되면서 자본주의와 공산주의 이념의 대립이 심해졌던 시기였지요. 당시 우주 개발과 진출은 상대 국가에게 자국의 기술과 경제력을 과시하기 위한 경쟁의 수단이었어요.

1957년 소련이 인류 최초의 인공위성 스푸트니크 1호를 발사하자 미국은 충격에 빠졌습니다. 서둘러 미국 항공 우주국(NASA)을 설립하고 굵직한 우주 개발 프로젝트들을 추진하며 엄청난 비용을 투자했지요. 치열한 경쟁 속에서 두 나라 모두 실패하는 탐사 계획도 많았지만, 그런 경험 또한 교훈이 되면서 우주를 알아 나갈 기술적 토대가 쌓였어요. 미국의 아폴로 11호가 달에 착륙하고, 소련의 베네라 7호는 금성의 모습을 보내왔으며, 보이저호가 태양계 저 너머의 행성들을 탐사하기도 했지요. 그러면서 모두가 지구 밖 우주와 태양계 천체들에 눈을 뜨기 시작했어요.

이후 소련이 해체되고 우주 협력은 더욱 활기를 띠어서, 러시아의 미르 우주 정거장에 미국과 유럽의 우주인들이 서로 오가고 거대한 국제 우주 정거장이 만들어지기도 했어요. 그뿐만 아니라 탐사선이나 우주 망원경이 다른 나라의 로켓에 실려 우주로 나가는 등 우주를 향한 국제 협력도 활발해졌지요. 이러한 협력의 결과는 우주 날씨나 태양계 행성, 소행성 등의 연구에도 크게 기여했습니다. 천문학으로 넓어진 우주관 덕분에 인류는 우주를 향해 경쟁도 협력도 할 수 있게 되었고, 그렇게 얻어 온 탐사 결과가 다시 천문학 연구에 도움을 주는 선순환이 이루어진 셈이에요.

» 새로운 고민거리, « 스타링크 위성

하지만 눈부신 우주 산업의 발달이 천문학자들에게는 새로운 고민거리로 등장했습니다. 지구 저궤도(고도 200~2,000킬로미터)에 인공위성들이 너무 많아졌다는 점이에요. 미국의 민간 우주 기업 스페이스엑스는 전 세계에 인터넷망을 공급하고자 스타링크 위성을 수천 개 단위로 쏘아 올려 운영하고 있습니다. 지구의 저궤도는 상대적으로 지구와 가까워서 지상과의 통신 속도를 더 빠르게 할 수 있기에 스타링크 위성이 위치하기에 적합한 곳이지요. 특히 앞으로 6G 통신, 자율 주행차, 사물 인터넷 등의 미래 기술이 떠오르는 상황에서는 통신 속도의 지연을 조금이라도 더 줄이는 게 중요합니다. 그러니 지구 저궤도를 메울 위성들은 우주 산업의 미래라고 볼 수 있지요.

그런데 스타링크 위성들은 천문 관측용 자료에 심각한 피해를 끼치기도 합니다. 위성이 관측 중인 망원경의 시야에 들어오면 아주 밝은 띠 모양의 흔적을 그리며 영상에 남아요. 그런 흔적이 자주 보인다면 천문 관측에는 치명적이지요. 이미 지구 저궤도에 위치해 있는 허블 우주 망원경은 그 피해를 고스란히 받아서 버리는 관측 자료가 늘어가는 상황입니다. 지상 망원경 또한 피해 사례가 적지 않고요. 그럼 더 멀리까지 우주 망원경을 쏘아 보내면 좋겠지만, 제임스 웹 우주 망원경의 사례에서 보듯이 우주 망원경 자체가 그리 자주 많이 만들 수 있는 장비가 아닙니다.

그렇다고 민간 우주 기업더러 천문학을 위해 스타링크 같은 프로젝트를 희생하라고 할 수는 없어요. 우주 산업 또한 우리의 미래를 책임질 기술이니까요. 결국 문제 해결을 위해서는 서로의 활발한 대화와 진지한 고민이 필요합니다. 천문 관측 자료에서 위성의 흔적이 미치는 영향을 최소한으로 줄일 수 있도록 하는 새로운 자료 처리 기법이나, 지구 저궤도에 위치하는 위성에 대한 적당한 규제 등이 대안이 될 수도 있을 거예요.

우주 항공 분야는 천문학의 기초 위에서 성장할 수 있었고, 그렇게 자란 우주 산업은 천문학 연구에 큰 도움을 주었습니다. 우주를 통해 사람들을 하나로 묶는다는 공통분모가 있으니만큼, 앞으로 현명한 해결책을 찾을 수 있다면 좋겠어요.

질문하는 과학 12
천문학자들이 코딩하느라 바쁘다고?

초판 1쇄 발행 2024년 2월 15일
초판 2쇄 발행 2024년 11월 1일

지은이 이정환
그린이 김소희
펴낸이 이수미
편집 이해선
북 디자인 신병근, 선주리
마케팅 임수진

종이 세종페이퍼 인쇄 두성피엔엘 유통 신영북스

펴낸곳 나무를 심는 사람들
출판신고 2013년 1월 7일 제2013-000004호
주소 서울시 용산구 서빙고로 35 103동 804호
전화 02-3141-2233 팩스 02-3141-2257
이메일 nasimsabooks@naver.com
블로그 blog.naver.com/nasimsabooks
인스타그램 instagram.com/nasimsabook

ISBN 979-11-93156-12-4
979-11-86361-74-0(세트)